Gesetzmäßigkeiten und Planung der Forschung

WISSENSCHAFT UND GESELLSCHAFT

Herausgegeben
vom Institut
für Theorie,
Geschichte und Organisation
der Wissenschaft
der
Akademie der Wissenschaften
der DDR
durch Günter Kröber

Band 19

Autorenkollektiv

Gesetzmäßigkeiten und Planung der Forschung

Beiträge zur Methodologie der Planung der Grundlagenforschung

AKADEMIE-VERLAG · BERLIN
1977

Autorenkollektiv: Hubert Fetzer, Detlev Friederichs, Peter Hanke (Leiter), Gerhard Lickert, Vadim Nikolajew, Axel Popp

Gesamtbearbeitung der Endfassung: Hubert Fetzer, Peter Hanke

Wissenschaftlich-technische Bearbeitung: Hildegard Zeumer

Erschienen im Akademie-Verlag, 108 Berlin, Leipziger Str. 3–4

Lizenznummer: 202 · 100/385/77
Umschlaggestaltung: Rolf Kunze
Gesamtherstellung: IV/2/14 VEB Druckerei »Gottfried Wilhelm Leibniz«, 445 Gräfenhainichen · 4920
Bestellnummer: 753 220 7 (2162/19) · LSV 0305
Printed in GDR
DDR 12,–

Inhaltsverzeichnis

1. Problemstellung

Die von der Sozialistischen Einheitspartei Deutschlands besonders an die Gesellschaftswissenschaften gerichtete Aufforderung, die Gesetzmäßigkeiten des sozialistischen Aufbaus noch weiter zu erforschen[1], verfolgt das Ziel, die theoretischen Grundlagen des gesellschaftlichen Handelns zu vertiefen und zu fundieren sowie neue Möglichkeiten für die zielgerichtete schöpferische Initiative aller Werktätigen zu erschließen. Es geht nicht allein um die Erkenntnis, sondern ebenso um die bewußte Anwendung bzw. Ausnutzung der gesellschaftlichen Gesetze im planmäßigen Handeln, darunter auch um die Beherrschung der Übergänge von Gesetzeserkenntnis zu gesellschaftlichen Aktionsplänen, um die Nutzung von Gesetzeswissen bei der Planung. Das Finden und Realisieren von Wegen und Prinzipien zur Nutzung der Erkenntnisse über Gesetzmäßigkeiten kann als eine ebenso bedeutungsvolle Aufgabe betrachtet werden wie die ihr notwendigerweise vorausgehende der Gesetzeserforschung. „Der Praxistyp, der der Arbeiterklasse gemäß ist und ihr organisiertes Handeln als Klasse auszeichnet, ist das gesellschaftlich bewußte Handeln in dem Sinne, daß die erkannten Gesetze des gesellschaftlichen Gesamtzusammenhanges den Handlungsprogrammen zugrunde gelegt werden müssen.“[2]

Um die Errungenschaften des wissenschaftlich-technischen Fortschritts als Haupthebel für die weitere Gestaltung der entwickelten sozialistischen Gesellschaft nutzen zu können[3], ist auch eine weitere Vervollkommnung der Planung entsprechend den sich erhöhenden bzw. neu heranreifenden Anforderungen notwendig. Das trifft ebenfalls für die Planung der Forschung (und hierunter für die planmäßige Gestaltung der Grundlagenforschung) zu, die einen wichtigen Teilbereich, eine bedeutende Seite des wissenschaftlich-technischen Fortschritts umfaßt. „Die Planung beruht auf der Aus-

[1] Vgl. Programm der Sozialistischen Einheitspartei Deutschlands, Berlin 1976, S. 46f.; Entschließung des VIII. Parteitages der SED zum Bericht des Zentralkomitees, in: Dokumente des VIII. Parteitages der SED, Berlin 1971, S. 39.

[2] Wissenschaft. Stellung, Funktion und Organisation in der entwickelten sozialistischen Gesellschaft, hrsg. von G. Kröber und H. Laitko, Berlin 1975, S. 23.

[3] Vgl. K. Hager: Wissenschaft und Technologie im Sozialismus, Berlin 1974, S. 49.

nutzung der objektiven ökonomischen Gesetze des Sozialismus und der neuesten wissenschaftlichen Erkenntnisse."[4] Nutzung von Gesetzeswissen ist daher eine wichtige Aufgabe auch bei der weiteren theoretisch fundierten Vervollkommnung der Forschungsplanung.

Die Planung der Forschung hat vor allem das Ziel, die Planmäßigkeit der Forschungstätigkeit im Interesse der Politik der Arbeiterklasse zu sichern und den Erkenntnisfortschritt sowie die dafür notwendigen Voraussetzungen systematisch so zu orientieren und zu fördern, daß

- durch die Nutzung ihrer Ergebnisse eine hohe und nachhaltige Wirkung der Forschung auf die Realisierung der sich entwickelnden materiellen und geistig-kulturellen Bedürfnisse der sozialistischen Gesellschaft erreicht wird,
- die aus der Entwicklung des Erkenntnisprozesses sich ergebenden wissenschaftlichen Möglichkeiten maximal für den gesellschaftlichen Fortschritt erschlossen werden,
- die für die Forschung eingesetzten und sich erweiternden gesellschaftlichen Ressourcen intensiv genutzt werden und eine hohe Produktivität und Effektivität erreichen.

Kurt Hager formulierte die Grundrichtungen fundamentaler Forschung folgendermaßen:

„Wenn sich in den kommenden Jahren Wissenschaft und Forschung an den Universitäten und Hochschulen, an den Zentralinstituten der Akademie der Wissenschaften der DDR erfolgreich entwickeln sollen, wenn Ergebnisse von hohem wissenschaftlichen Rang und großer gesellschaftlicher Wirksamkeit erzielt werden sollen, dann muß auf drei grundlegende Zielstellungen in der wissenschaftlichen Arbeit besonders hingewiesen werden:

Erstens geht es darum, insbesondere auf dem Gebiet der naturwissenschaftlichen Grundlagenforschung die Erkenntnis der Welt in ihrer materiellen Einheit und Bewegung ständig zu erweitern und zu vertiefen. Damit leisten die Gelehrten der Universitäten und Hochschulen und der wissenschaftlichen Akademien zugleich den uns gemäßen Beitrag zur Wissenschaft und Kultur in der Welt, wie das die internationale Stellung unserer Republik erfordert.

Zweitens müssen Grundlagen- und angewandte Forschung in ihren Zielstellungen so gestaltet werden, daß ihre Erkenntnisse und Ergebnisse immer planmäßiger, umfassender und rascher zur Befriedigung grundlegender materieller und geistig-kultureller Bedürfnisse der entwickelten sozialistischen Gesellschaft beitragen.

Drittens ist die Verantwortung des Wissenschaftlers für die Wirksamkeit seiner Forschung, für die Anwendung und Nutzung der Forschungsergebnisse in der gesellschaftlichen Praxis noch wirkungsvoller wahrzunehmen, was

[4] Programm der Sozialistischen Einheitspartei Deutschlands, a. a. O., S. 35.

auch das Einfließen dieser Ergebnisse in die Ausbildung und Erziehung der Studenten einschließt."[5]

Das erfordert u. a., einen weitreichenden wissenschaftlichen Vorlauf zu schaffen und mit der raschen und breiten Überführung wissenschaftlicher Erkenntnisse zu verbinden, die Erforschung grundlegender Gesetzmäßigkeiten und den Vorstoß in neue Wissensbereiche mit direkten Beiträgen zur Intensivierung und Rationalisierung der gesellschaftlichen Arbeit insbesondere in der Produktion zu verknüpfen, die Forschungsvorhaben entsprechend den nationalen Aufgaben der DDR sorgfältig mit den sich aus der internationalen sozialistischen Integration ergebenden Aufgaben zu vereinen und das Forschungspotential der DDR als Teil des Wissenschaftspotentials des RGW unter vorrangiger Entwicklung der Kooperation mit der Sowjetunion zu entfalten.

Eine wirkungsvolle Orientierung der Forschung auf dementsprechende konkrete Ziele und die Festlegung effektiver Ziel-Mittel-Systeme mit Hilfe der Planung muß davon ausgehen, daß die Forschung ein integrierter Teil des gesellschaftlichen Reproduktionsprozesses ist und hier vielfältige Funktionen zu erfüllen hat.[6] Sie muß weiter vor allem die gesellschaftlich mögliche und erforderliche problem- und aufgabenspezifische Konzentration sowie Kontinuität der wissenschaftlichen Arbeit wirksam unterstützen. Die Einheit und Proportionalität der Entwicklung von Forschungsvorhaben (für komplexe gesellschaftliche und wissenschaftliche Ziele), der erforderlichen und möglichen disziplinären Vertiefung sowie der Entwicklung des Forschungspotentials, insbesondere der Leistungsfähigkeit der Kollektive und Institutionen, sind zu gewährleisten. Der Zusammenhang der verschiedenen Forschungsvorhaben muß berücksichtigt und aktiv beeinflußt, die aufgaben- bzw. problembedingte Einheit und Zusammenarbeit von Natur- und Gesellschaftswissenschaften gefördert werden. Der Plan soll besonders auch die notwendige nationale und internationale Forschungskooperation sichern. Es sind eine ausreichende Flexibilität der Planung und die Synchronisierung der Planungsabläufe in verschiedenen gesellschaftlichen Bereichen sowie im internationalen Rahmen des RGW zu ermöglichen.

Mit dieser bloßen Aneinanderreihung von Planungsaufgaben sind bereits mehrere Zusammenhänge der Forschung berührt worden, die mit Hilfe der

[5] K. Hager: Wissenschaft und Technologie im Sozialismus, a. a. O., S. 33.

[6] Die Forschung trägt wesentlich zur Realisierung aller Funktionen der Wissenschaft bei, wie zur Erkenntnis- und zur Produktivkraftfunktion, zur Schaffung von Grundlagen und Instrumentarien der Leitung der Gesellschaft, zur Ideologie- und Bewußtseinsbildung, zur Bedürfnisbefriedigung und -entfaltung, zur Verteidigung der sozialistischen Gesellschaft. Analog gibt es auch vielfältige Effekte der Forschung in der Gesellschaft (politisch-ideologische, wissenschaftlich-technische, ökonomische u. a.), die bei der Planung Beachtung verdienen.

Pläne und der Planung gesteuert und gefördert werden sollen.[7] Gesetze der Wissenschaftsentwicklung bezeichnen objektive, notwendige, allgemeine und wesentliche Zusammenhänge, welche die Wissenschaft betreffen. Dazu gehören Zusammenhänge, welche die Wissenschaft als Bestandteil der Gesellschaft kennzeichnen und solche, die verschiedene Bereiche, Prozesse, Bestandteile usw. der Wissenschaft selbst zum Inhalt haben. Gegenwärtige und auch künftige Planungsprobleme[8] erfordern die bewußte Nutzung von Gesetzeswissen in der Planungsarbeit, um zu deren Fundierung beizutragen, und zwar im Hinblick auf eine Vervollkommnung der Planung und erhöhte Planwirksamkeit.

So lassen sich Prognosen, als wichtiger Teil der Planvorbereitung, und auch Pläne der Forschung zum Zeitpunkt ihrer Erarbeitung nicht experimentell auf ihre Richtigkeit, d. h. vor allem auf die Zuverlässigkeit der

[7] „Der *Forschungsplan* besteht aus Festlegungen mit Aufforderungscharakter zum notwendigen Ziel-Mittel-System für die Durchführung von Forschungsprozessen. Er enthält Forschungsziele und die zu deren Erreichung erforderlichen Voraussetzungen und Wege unter Berücksichtigung gegebener Umstände. Planungsgegenstand sind Gesamtheiten solcher spezifischer gesellschaftlicher Tätigkeiten (Arbeit), die auf das Hervorbringen und Anwenden gesellschaftlich neuer Erkenntnisse gerichtet und in den gesellschaftlichen Reproduktionsprozeß eingebettet sind (ist). Der Forschungsplan ist das Hauptmittel zur Durchsetzung der Politik der Arbeiterklasse in der Forschung. Er ist integrierter Bestandteil des sozialistischen Plansystems."
Forschungsplanung läßt sich zusammengefaßt etwa wie folgt charakterisieren: „Forschungsplanung ist die wissenschaftliche Tätigkeit des Aufstellens, Beschließens, Überprüfens und Vervollkommnens (Korrigierens) von Forschungsplänen. Sie ist Kern der Forschungsleitung und fest mit der Forschungsarbeit verbunden, die nicht nur Gegenstand, sondern gleichzeitig ein wichtiger Ausgangspunkt der Forschungsplanung ist. Forschungsplanung ist Ausdruck wissenschaftlich begründeter Arbeitsweise in der Forschung. Sie ist Bestandteil der Planung gesellschaftlicher Entwicklungsprozesse und fest in die sozialistische gesellschaftliche Gesamtplanung einbezogen. Die Forschungsplanung geht aus von der Erkenntnis von Forschungsproblemen insbesondere auf Grund der Konfrontation von gesellschaftlichen Zielen bzw. Erfordernissen sowie wissenschaftlichen Möglichkeiten. Sie nutzt Kenntnisse über die Einheit und Wechselbeziehungen von Bedürfnis- und Wissenschaftsentwicklung, entfaltet die internationale sozialistische Wissenschaftskooperation und berücksichtigt die gesellschaftlich möglichen und erforderlichen Ressourcen für die Forschung. Für die Forschungsplanung sind sowohl die Grundsätze und prinzipiellen Vorgehensweisen maßgebend, die für die Planung aller gesellschaftlichen Tätigkeiten zutreffen, wie auch die Spezifika der Forschungstätigkeit, die die allgemeinen Prinzipien modifizieren und ergänzen." (P. Hanke: Planungsprobleme in der Grundlagenforschung, Berlin 1975, S. 67f.).

[8] Vgl. auch Abschnitt 2.7.

ersteren und die Adäquatheit[9] der letzteren überprüfen. Das ist de facto erst nach Ablauf des Prognosezeitraumes oder nach dem Vollzug der zur Planrealisierung dienenden Tätigkeiten möglich. Dies unterstreicht die Notwendigkeit, die Voraussetzungen und die methodischen Vorgehensweisen besonders sorgfältig zu untersuchen, zu wählen und zu prüfen, von denen ausgehend bzw. mit deren Hilfe prognostiziert und geplant wird; denn bei Prognosen und besonders bei Plänen für gesellschaftliche Aktionen, und dazu gehören die Forschungspläne, ist ein hohes Maß an Zuverlässigkeit und Sicherheit gesellschaftlich erforderlich. Das Informationsmassiv als Grundlage und die anzuwendenden Prinzipien sowie Methoden der Prognostizierung und Planung verdienen dementsprechend vordringlich Aufmerksamkeit und bedürfen ständiger vertiefender wissenschaftlicher Fundierung. Die Gesamtheit des benutzten Ausgangswissens (im Informationsmassiv und bei den Methoden) umfaßt Wissen unterschiedlicher Qualität. Erfahrungen, Hypothesen, Theorien, Problem-, Fakten- und Gesetzeskenntnisse sind miteinander verbunden. Gesetzeswissen stellt die reinste Form wissenschaftlich begründeter Aussagen dar. Die Richtigkeit von Prognosen und Plänen hängt in entscheidendem Maße davon ab, inwieweit es bei deren Erarbeitung herangezogen und sachgerecht genutzt wird.

Jedoch kann es „kein abgeschlossenes System von Gesetzen als *alleinigen* Ausgangspunkt menschlicher Handlungen geben"[10]. Es steht auch ein „allumfassendes, ein für allemal abschließendes System der Erkenntnis von Natur und Geschichte ... im Widerspruch mit den Grundgesetzen des dialektischen Denkens"[11]. Die Nutzung von Gesetzeswissen als Grundlage der Planung erfolgt demzufolge stets im Zusammenhang mit andersartigem Wissen. Außerdem erfassen die Gesetze wesentliche, allgemeine Momente, Seiten oder Erscheinungen bestimmter Sachverhalte. Bei der Planung gilt es aber, situationsgerecht auch noch andere Aspekte, Bedingungen usw. zu berücksichtigen, z. B. Charakteristika über den erreichten Stand der gesellschaftlichen Entwicklung, Informationen über Bedingungen entsprechend der politischen Situation o. ä. Zusätzlich wirken auch noch unerkannte Gesetze. Schließlich gibt es auch widersprüchliche Wirkungen konkreter gesellschaftlicher Gesetze, so daß sich die Frage ergibt, in welcher Weise „bestimmte Gesetze ausgenutzt werden sollen oder nicht". Das muß ausgehend von den generellen gesellschaftlichen Zielstellungen geprüft und entschieden

[9] Dabei ist bei den Forschungsplänen, entsprechend der Spezifik der Forschung, nur eine „relative Adäquatheit" möglich. Vgl. W. Segeth: Aufforderung als Denkform. Vom Wissen zum zielgerichteten Handeln, Berlin 1974, S. 157f.

[10] J.-U. Heuer: Gesellschaftliche Gesetze und politische Organisation, Berlin 1974, S. 122.

[11] F. Engels: Anti-Dühring, in: K. Marx/F. Engels: Werke (im folgenden MEW), Bd. 20, Berlin 1962, S. 24.

werden, wobei gewollte und mögliche ungewollte Wirkungen, beeinflußbare und nicht beeinflußbare Wirkungsbedingungen und ähnliche Fragen zu untersuchen sind.[12]

Forschungsplanung hat auch in besonderem Maße mit Unbestimmtheiten zu rechnen, die auf unvollkommenem Wissen über Gesetzmäßigkeiten und Erscheinungen in Natur und Gesellschaft beruhen und die mit dem Wesen der gesellschaftlichen Prozesse und der Rolle des Menschen als Wirkungsbedingung der gesellschaftlichen Gesetze und als gestaltendes Subjekt verbunden sind (Forschung ist ja in erster Linie eine gesellschaftliche Tätigkeit) und die schließlich mit der Spezifik der Forschung (als Tätigkeit zum Hervorbringen neuer Erkenntnisse und zu deren Überführung in die gesellschaftliche Nutzung) zusammenhängen. Wie können – das ergibt sich als eine mögliche Frage – die Unbestimmtheiten durch Erkenntnis und Nutzung von Gesetzen der Wissenschaftsentwicklung besser als bisher mit Hilfe der Planung reduziert oder zumindest im Planungsprozeß berücksichtigt werden? Bisher zeigte sich, daß nicht nur die Erkenntnisse über Gesetz- und Regelmäßigkeiten der Wissenschaftsentwicklung noch sehr lückenhaft sind und sich entweder auf allgemeine Feststellungen oder auf Befunde zu einzelnen Parametern konzentrieren, sondern daß auch die Unbestimmtheiten im Rahmen der Gesetzmäßigkeiten und Bedingungen der Wissenschaftsentwicklung einer näheren Untersuchung bedürfen. Zu den Unbestimmtheiten der Forschung liegt zwar eine Reihe von Vorstellungen und Teilergebnissen vor, aber ein Konzept, das eine Gesamtschau ermöglicht und eine wirksame Berücksichtigung bei der Planung (vor allem bei der Vervollkommnung der Ziel- und Methodenfestlegung) gestattet, ist erst noch zu erarbeiten. Jedoch muß auch betont werden, daß die Forschung seit Jahren erfolgreich geplant wird, obgleich Unbestimmtheiten bestehen. Obwohl nicht alle Faktoren bekannt sind, werden doch die Richtung des Handelns und seine Bedingungen erfolgreich bestimmt. Wie groß muß demnach das gesellschaftlich erforderliche Maß an Gesetzeswissen sein? Wann wird das Wesentliche hinreichend erfaßt? Damit sind u. a. Probleme der Kriterien, der Erfassungs- und Abstraktionsmöglichkeiten angesprochen, aber auch Fragen des gesellschaftlich notwendigen und hinreichenden Maßes für den Planungsaufwand in der Forschung, die zum Teil über den jetzt gesteckten Rahmen unserer Arbeit hinausführen.

Wenn davon gesprochen wird, Wissen über Gesetz- und Regelmäßigkeiten der Wissenschaftsentwicklung für die Forschungsplanung nutzbar zu machen, dann muß berücksichtigt werden, daß diese nur einen Teil der insgesamt für die Forschungsplanung wichtigen Gesetzmäßigkeiten darstellen und im Rahmen der übergreifenden Gesamtzusammenhänge der Gesellschafts-

[12] Vgl. J.-U. Heuer: Gesellschaftliche Gesetze und politische Organisation, a. a. O., S. 123 und S. 153.

entwicklung realisiert werden. So vollzieht sich z. B. gegenwärtig „ein Übergang im Bereich der wissenschaftlichen Tätigkeiten und der Reproduktion ihrer Potentiale von einer vorwiegend extensiven zu einer immer mehr intensiven Entwicklungsphase; dieser Übergang hat offenbar den Charakter einer grundlegenden Gesetzmäßigkeit der gegenwärtigen und zukünftigen Wissenschaftsentwicklung; sein konkreter Vollzug ist nicht unabhängig von den gesellschaftlichen Verhältnissen des betreffenden Landes, sondern wird durch diese determiniert, d. h. je nach Art dieser Verhältnisse gefördert oder gehemmt".[13]

Die Überlegungen zur Fundierung der Forschungsplanung mit Hilfe besserer Nutzung von Erkenntnissen über Gesetz- und Regelmäßigkeiten der Wissenschaftsentwicklung müssen deshalb in mehrfacher Hinsicht als ein in größere Zusammenhänge integrierter Teilschritt angesehen werden. Es bleibt zu berücksichtigen,

- daß die Gesetze der Wissenschaftsentwicklung nur einen Teil des gesamten Gesetzeswissens darstellen, das bei der Planung genutzt werden muß,
- daß nicht ausschließlich nur Gesetzeswissen in die Planung einfließt, sondern noch eine Reihe andersartiger Informationen (z. B. zur politisch-ideologischen Situation, zu vertraglichen Vereinbarungen, gesellschaftlichen Zielen und Anforderungen, Restriktionen usw., über Probleme, Hypothesen u. a. m.),
- daß der Zusammenhang von Gesetzmäßigkeiten und Unbestimmtheiten der Forschung aus der Sicht der Planung eine noch weiter zu untersuchende Frage darstellt,
- daß das Gesetzeswissen über die Wissenschaftsentwicklung erst in ersten Konturen erarbeitet worden ist, wobei aber bereits die Nutzung dieser Anfänge eine Aufgabe darstellt und Arbeiten zur Prognostizierung sowie Planung der Forschung ihrerseits auch zur Mehrung des Gesetzeswissens beizutragen vermögen und
- daß schließlich im Zuge der gesellschaftlichen Entwicklung die Wirkungsbedingungen bekannter Gesetze sich auch ändern sowie neue Zusammenhänge entstehen können.

Die Forschungsplanung wurde bisher vorwiegend aus der Sicht der Integration der Forschung in den gesellschaftlichen Reproduktionsprozeß, durch Nutzung von Planungserfahrungen und -methoden aus anderen Bereichen der Gesellschaft, vor allem aus der Produktion, durch das Abheben und Verallgemeinern von Erfahrungen aus der praktischen Planungsarbeit in der Forschung, und durch Erschließung planungsmethodischer und instrumenteller Möglichkeiten auf Grund der Erkenntnisse verschiedener Wissenschafts-

[13] G. Kröber: Zum Problem der Gesetzmäßigkeiten und Triebkräfte in der Entwicklung der Wissenschaft, in: Wissenschaft und Gesellschaft. Studien und Forschungsberichte des Instituts für Wissenschaftstheorie und -organisation der AdW der DDR 4/1974, S. 16.

zweige wie Mathematik, Kybernetik, Operationsforschung, den Arbeiten zur Leitungsorganisation u. a.[14] erfolgreich entwickelt.

Mit der Aufgabe, die Forschung in ihrer gesellschaftlichen Integration zu planen, ist im Grunde genommen die Frage nach der Nutzung von Gesetzmäßigkeiten der Wissenschaftsentwicklung angesprochen.[15] Für einige Seiten oder Parameter, z. B. des Potentials, wurden auch bereits festgestellte Regelmäßigkeiten direkt bei der Planung herangezogen. Zur weiteren Fundierung der Forschungsplanung erscheint es nun notwendig, eine systematische Nutzung des Gesetzeswissens über die Wissenschaftsentwicklung zu ermöglichen. Unter diesem Aspekt soll der Zusammenhang von Gesetzmäßigkeiten, Unbestimmtheiten und Planung der Forschung betrachtet werden.

Diese Vorgehensweise ist notwendig und sicher mindestens ebenso legitim wie die Auswertung von Planungserfahrungen und das Verfolgen der Entwicklungstendenzen sowie das dementsprechende Vervollkommnen der Planungsarbeit und ihrer Techniken selbst.[16] Kolotyrkin fordert, daß die Planung von Forschung und Entwicklung stärker auf die Erzielung wissenschaftlicher Ergebnisse gerichtet sein muß, weniger auf die Erfüllung einzelner Planungsetappen, da die Praxis formaler Erfüllung das wissenschaftliche Potential mindert.[17] Die Weiterentwicklung der Planungstechniken und -methoden und die Beachtung aller Anforderungen der einzelnen Planungsetappen sollten u. E. unbedingt ergänzt werden durch Studien zur Ausnutzung von Erkenntnissen über Gesetzmäßigkeiten der Wissenschafts-

[14] Dabei stand jedoch in den methodischen Arbeiten die Bestimmung von Mittel-Systemen zur Zielerreichung im Vordergrund, während die Zielbestimmung weniger erschlossen wurde.

[15] „Die Gesetze der Wissenschaftsentwicklung sind Gesetze von Zusammenhängen zwischen der Wissenschaft und den anderen Lebenssphären der Gesellschaft, insbesondere der Produktion materieller Güter als ihrem fundamentalen Bereich. Der Kern dieser Hypothese ist die Annahme, daß die Gesetze der Wissenschaftsentwicklung nicht wissenschaftsintern sind. ... Ihre Konsequenz besteht nicht etwa in einer Leugnung der Existenz und Bedeutsamkeit wissenschaftsinterner Zusammenhänge, sondern in der Annahme ihres sekundären, gegenüber jenen grundlegenden Entwicklungsgesetzen abgeleiteten Charakters." (G. Kröber: Zum Problem der Gesetzmäßigkeiten und Triebkräfte in der Entwicklung der Wissenschaft, a. a. O., S. 7).

[16] Das wird u. a. in dem Buch „Die Beschleunigung des wissenschaftlich-technischen Fortschritts – Aufgaben und Probleme der Leitung", und zwar auf der Grundlage von Untersuchungen zur Entwicklung der gesellschaftlichen Reproduktion und zur Bedeutung der Wissenschaft und Technik in diesem Prozeß, erfolgreich vorgenommen. (Vgl. Autorenkollektiv: Die Beschleunigung des wissenschaftlich-technischen Fortschritts – Aufgaben und Probleme der Leitung, Berlin 1975).

[17] Vgl. J. Kolotyrkin: O rezervach uveličenija otdači ot naučnogo potenciala, in: Kommunist 8/1974, S. 50–62.

entwicklung und zur möglichen Berücksichtigung von Unbestimmtheiten. Auf diese Weise – so könnte man behaupten – läßt sich auch eine höhere Planwirksamkeit in Richtung auf Erkenntnisorientierung und -förderung erreichen. Diesem Ziel muß letztlich die Forschungsplanung in besonderem Maße dienen.

Die gegenwärtige gesellschaftliche Entwicklung und der bisher erreichte Stand der Forschungsplanung und der Planwirksamkeit erfordern es nicht nur, die Frage nach der erkenntnisfördernden Funktion der Planung mehr in den Vordergrund zu rücken; sie ermöglichen es auch, dieses Problem systematisch zu untersuchen. Die Entwicklung der Wissenschaftstheorie und -organisation in ihrem gesellschaftlichen Bezug kann dabei als ein Ausdruck für bessere Untersuchungs- und damit Lösungsmöglichkeiten angesehen werden. Gößler schreibt zu allgemeinen Zusammenhängen der Erkenntnismöglichkeit: Das „Erkenntnisvermögen der Individuen, Kollektive, Klassen usw. und damit der für sie jeweils als möglich erreichbare Grad an Adäquatheit der Widerspiegelung von Gegenständen ... (werden) durch folgende Faktoren bestimmt ...: durch den Entwicklungsstand der Produktivkräfte und das damit gegebene Niveau der materiellen Erkenntnismittel, durch den Charakter der jeweils herrschenden Produktionsverhältnisse und durch den Entwicklungsstand des gesellschaftlichen Erkenntnisprozesses (z. B. Wissensstand, Denkhorizont, Erkenntnismittel, Infrastruktur des gesellschaftlichen Erkenntnisprozesses u. a.), dem diese Individuen, Kollektive, Klassen usw. angehören“[18]. Der Erkenntnisprozeß und die Nutzbarmachung der Gesetze der Wissenschaftsentwicklung für Prognostizierung und Planung der Forschung sind daher bestimmt durch den Gegenstand der Erkenntnis (einschließlich durch das Niveau des darüber bisher erarbeiteten Wissens), durch den Entwicklungsstand der Erkenntnismöglichkeiten auf diesem Gebiet und durch die Gesamtheit der gesellschaftlichen Umstände.

Mit der vorliegenden Arbeit sollen einige wichtige Fragen dieses nur kurz skizzierten Problemkomplexes in Angriff genommen werden, um die Problemübersicht zu vervollkommnen, um Lösungsmöglichkeiten und -ansätze abzuleiten, um daraus einige neue Aspekte der Forschungsplanung deutlich zu machen (z. B. verstärkte Betrachtung der erkenntnismäßigen neben den planungstechnischen und -organisatorischen Gesichtspunkten) und um wo möglich Vorschläge für die weitere Gestaltung der Forschungsplanung zu unterbreiten.

Im Interesse dieser Problem- und Zielstellung erscheint es erforderlich, in einer konzentrierten Übersicht die Möglichkeiten und Wege der Nutzung

[18] K. Gößler: Das Verhältnis von individuellem und gesellschaftlichem Erkenntnisprozeß als Problem der marxistisch-leninistischen Erkenntnistheorie, in: Autorenkollektiv: Zum Verhältnis von individuellem und gesellschaftlichem Erkenntnisprozeß, Berlin 1974, S. 15.

von Gesetzeswissen in der Forschungsplanung zu skizzieren und dabei besonders Probleme für die Planungsforschung herauszuarbeiten. Davon ausgehend und unter Berücksichtigung des erreichten Erkenntnisstandes über die Gesetz- und Regelmäßigkeiten der Wissenschaftsentwicklung sowie über die Unbestimmtheiten der Forschung werden dann Folgerungen für einige wichtige Gebiete der Forschungsplanung abgeleitet. Wir konzentrieren uns zunächst auf folgende fünf Fragenkomplexe:

– Verschiedene Aspekte und Möglichkeiten der Nutzung von Gesetzeserkenntnissen über die Wissenschaft zur Vervollkommnung der Planung der Grundlagenforschung;
– Zum Stand des Wissens über Gesetzmäßigkeiten der Wissenschaftsentwicklung und ihre Wirkungsbedingungen sowie über Unbestimmtheiten der Forschung im Hinblick auf ihre Erfassung und Berücksichtigung in der Forschungsplanung;
– Grundlagen und Möglichkeiten der Gestaltung von Zielsetzungsprozessen mit Hilfe der Prognosetätigkeit;
– Bedeutung kritischer Probleme (mit dringender Lösungsnotwendigkeit und großer Lösungs- bzw. Auswirkungsaussicht) bei der Prognostizierung und Planung der Forschung;
– Methodologische Probleme eines rationellen problemorientierten Planungsablaufes in der Grundlagenforschung.

Wir wollen dazu beitragen, die Fundierung der Wissenschaftsprognosen und der Forschungspläne zu erhöhen, besonders im Hinblick auf die Intensivierung der wissenschaftlichen Tätigkeit. Es geht uns darum, mit der vorgelegten Arbeit einen Schritt weiter zu kommen auf dem Wege von der oft getroffenen Feststellung: „Man kann die Grundlagenforschung nur bedingt bzw. eingeschränkt planen" zur Verwirklichung des Anliegens, die Spezifik der Forschung bei der auch in der Grundlagenforschung notwendigen Planung immer besser zu berücksichtigen.

In welcher Richtung sehen wir eine aussichtsreiche weitere Arbeit? Was gibt das bisher Erreichte dafür her? Entsprechend der Bedeutung der Nutzbarmachung von Gesetzeswissen über die Wissenschaftsentwicklung für die weitere Vervollkommnung der Forschungsplanung ist dieses Aufgabengebiet u. E. wert, weiter verfolgt zu werden, um aus einem vertieften Verständnis weitere Folgerungen für eine wirksamere Planungsarbeit zu ermöglichen.

Eine Reihe von Fragen kann nur durch das Heranziehen von Gesetzeswissen ausreichend gelöst werden und nicht durch Erfahrung, Intuition und Routine o. ä. allein. Dazu gehören beispielsweise die Relationen von Langfristigkeit und Komplexität, von Verbindlichkeitsgrad, Planzeitraum und objektiv notwendiger Planpräzisierung. Dazu gehören auch solche Fragenkomplexe wie die Spezifik der Forschungsplanung, die Wirksamkeit der Planung im Forschungs-(Erkenntnis)prozeß und die Berücksichtigung der Unbestimmtheiten.

Wir haben versucht, die Gesamtproblematik der Zusammenhänge von Gesetzmäßigkeiten, Unbestimmtheiten und Planung der Forschung zu umreißen, konnten aber davon nur eine Auswahl von Fragen behandeln. Dabei wurden auch viele „offene Fragen" deutlich.

Weitere Untersuchungen müssen zeigen, ob noch andere und fruchtbarere Wege bestehen als die von uns in den einzelnen Kapiteln behandelten. Die gewählte Gliederung der Gesetzmäßigkeiten der Wissenschaftsentwicklung ermöglicht u. E. interessante und bei weitem noch nicht ausgeschöpfte Zugänge; aber andere Möglichkeiten sollen auch geprüft werden. Zum Zusammenhang von Entwicklungs-, Struktur- und Funktionsgesetzen aus der Sicht der Prognostizierung und Planung der Forschung sind noch Untersuchungen notwendig. Ebenso bedürfen die Wirkungsbedingungen der Gesetze der Wissenschaft noch einer näheren Analyse, da hier wesentliche Ansatzpunkte für die Beeinflussung der Wirkungsweise der Gesetze liegen. Diese Frage hat auch für den Zusammenhang (und den Übergang) von Gesetz und (zu) Planungsmethode große Bedeutung. Manche der behandelten Fragen müssen künftig noch weiter problematisiert und vertieft werden, so die Rolle der Unbestimmtheiten der Forschung in ihrer Beziehung zu den Gesetzen, die Zielsetzung und Methodenbestimmung in der Forschung, die Fragen einer rationellen und wirksamen problemspezifisch anpaßbaren Planungsmethodik.

Zur weiteren theoretischen Vertiefung und zum engeren Heranführen an die Leitungs- und Planungspraxis erscheint es sinnvoll, die nächsten Untersuchungen an einigen konkreten Prozessen der Wissenschaftsentwicklung fortzusetzen, so am Beispiel des Entstehens und Bildens einer neuen Forschungsrichtung, bei der Entwicklung bestimmter Forschungsstrategien oder bei dem Zusammenwachsen und -führen von Forschungs- und Industriepotential. Ein derartiges Herangehen bietet wiederum auch unmittelbare Gelegenheit, wissenschaftstheoretische und -organisatorische Untersuchungen mit der Mitwirkung an Aktivitäten in der praktischen Forschungsleitung und -planung zu verbinden und gemeinsam mit den betreffenden Natur- und Gesellschaftswissenschaftlern zu untersuchen.

2. Nutzung von Gesetzeserkenntnissen über die Wissenschaft zur Vervollkommnung der Planung der Grundlagenforschung – eine wichtige Aufgabe der Planungsforschung

Welche verschiedenen Aspekte und Möglichkeiten zur Anwendung von Gesetzeswissen über die Wissenschaft bestehen in der Forschungsplanung? Welche Übergangsmöglichkeiten von Gesetzeserkenntnissen und Wissen über Unbestimmtheiten gibt es zu den Plänen der Forschung? Von diesen Fragen ausgehend müßten auch Hinweise dafür gefunden werden, wie sich das notwendige Wissen im Planungsprozeß aufbereiten läßt, damit es wirksam genutzt werden kann. Bei der Behandlung dieses umfangreichen Fragenkomplexes kann es zunächst nur darum gehen, das Gesamtproblem, seine verschiedenen Seiten und Aspekte „abzutasten". Das ist notwendig, wenn danach spezielle Fälle bzw. Bereiche des Nutzbarmachens von Gesetzen der Wissenschaftsentwicklung dargelegt werden sollen. Ehe wir aber zum „Wie" und „Wo" der Gesetzesanwendung im Planungsprozeß gelangen, ist es sinnvoll, den komplexen Charakter des erforderlichen Gesetzeswissens zu skizzieren, also kurz zu sagen, wie das Wissen beschaffen ist, „was" genutzt wird.

2.1. Zum komplexen Wirken verschiedener Gruppen von Gesetzen

Beim gesellschaftlichen Handeln, d. h. bei der Leitung und Durchführung gesellschaftlicher Entwicklungsprozesse, wird stets eine Gesamtheit gesetzmäßiger Zusammenhänge wirksam. Die gesellschaftliche Tätigkeit in einem beliebigen Bereich ist Ausdruck der komplexen Gesamtwirkung und -nutzung der relevanten Gesetze. Um Gesetze der Wissenschaft und ihre Wirkung zu erfassen, werden verschiedene Formen der Gliederung angewendet. Beispielsweise spricht Laitko[1] von allgemeinen Gesetzen bzw. Regelmäßigkeiten, die für jede gesellschaftliche Tätigkeit auch maßgebend sind, und speziellen, die nur die Wissenschaft betreffen. Kröber[2] gliedert die Gesetze

[1] Vgl. H. Laitko: Zyklische Prozesse in der Wissenschaft, in: Wissenschaft im Sozialismus, Berlin 1973, S. 150.

[2] Vgl. G. Kröber: Zum Problem der Gesetzmäßigkeiten und Triebkräfte in der Entwicklung der Wissenschaft, in: Wissenschaft und Gesellschaft. Studien und Forschungsberichte des Instituts für Wissenschaftstheorie und -organisation der AdW der DDR 4/1974, S. 7f.

der Wissenschaft selbst weiter auf entsprechend den wissenschaftlichen Tätigkeiten, ihren Voraussetzungen und den Resultaten. Diesen Gliederungen ließen sich weitere hinzufügen.[3] Aus der Sicht wissenschaftstheoretischer Überlegungen läßt sich im Hinblick auf Leitung und Planung der Forschung etwa folgende Gruppierung vornehmen:

- Wichtig sind erstens die Gesetze der gesellschaftlichen Entwicklung, deren Wirkungssphäre auch die Forschung als gesellschaftliche Tätigkeit (Arbeit) erfaßt.[4]
- Zweitens treten entsprechend der Spezifik der Forschung als Teil der Wissenschaft, in dem gesellschaftlich neue Erkenntnisse hervorgebracht werden und deren Überführung in die gesellschaftliche Nutzung betrieben wird, Gesetzmäßigkeiten der Wissenschaftsentwicklung – gewissermaßen als besonderer Bereich bzw. Aspekt der gesellschaftlichen Gesetze – auf. Sie zu erkennen ist notwendig, um die Forschung immer besser, vollkommener und sachkundiger für die Gesellschaft nutzbar machen zu können. Wenn von relativer Eigengesetzlichkeit der Wissenschaft bzw. der Forschung gesprochen wird, dann kann darunter im wesentlichen das Wirksamwerden der Wissenschaftsgesetze im Rahmen der Gesellschaftsgesetze verstanden werden. Dementsprechende Beziehungen bzw. Zusammenhänge bestehen dann selbstverständlich auch bei der Gesetzesnutzung.
- Und schließlich muß weiterhin bei der Prognostizierung und Planung der Forschung der Bereich gesetzmäßiger Zusammenhänge berücksichtigt werden, der für den jeweiligen Forschungsgegenstand charakteristisch ist und der ebenfalls integriert ist in die Gesamtwirkung und demzufolge auch -nutzung. Die gesetzmäßigen Zusammenhänge und Fakten des Forschungsgegenstandes haben jedoch gegenüber den beiden zuerst genannten Gruppen mehr den Charakter von Bedingungen. Sie üben – durch das über den Forschungsgegenstand vorhandene Wissen – einen Einfluß darauf aus, in welcher *konkreten, spezifischen* Form sich die Forschungsarbeiten zur weiteren Aufhellung des jeweiligen Forschungsgegenstandes vollziehen. Sie sind objektiv vorhanden, wirken im über-

[3] Vgl. auch die Darlegungen von H. Fetzer in Abschnitt 3.1.

[4] I. D. Jermolajew gibt eine weitergehende Aufgliederung der Gesellschaftsgesetze: „Das Funktionieren und die Entwicklung der sozialistischen Gesellschaft als Objekt der Führung und Leitung vollzieht sich auf der Grundlage des komplizierten Systems der soziologischen, technologischen, ökonomischen, sozialen, politischen und geistig-ideologischen Gesetze. Alle diese Gesetze sind trotz ihrer unterschiedlichen qualitativen Charakteristiken untrennbar miteinander verbunden und verflochten." (I. D. Jermolajew: Objektive Gesetze und wissenschaftliche Leitung der Gesellschaft, Berlin 1973, S. 215.) Ähnliche Aspekte und Verknüpfungen treffen auch für den Bereich der Wissenschaftsgesetze zu.

greifenden Rahmen der beiden ersten Gruppen von Gesetzen und verdienen notwendigerweise bei der Planung beachtet zu werden.

Daraus ist einmal ersichtlich, daß den Gesellschaftsgesetzen eine vorrangige Bedeutung zukommt. Zum anderen werden verschiedene Aspekte der Wissenschaft deutlich, die durch gesetzmäßige Zusammenhänge beschreibbar sind.

Es zeigt sich hier aber auch ein Zusammenhang zwischen den drei zuletzt erwähnten Gruppen von Gesetzmäßigkeiten einerseits und den wichtigsten Determinationslinien, die für die Forschung maßgebend sind, andererseits. Die gesellschaftliche Zieldetermination und die Objektdetermination[5] sind Ausdruck für die Existenz und das Wirken von Gesetzmäßigkeiten der Gesellschaft, darin eingeschlossen der Wissenschaft, und solchen im Bereich des jeweiligen Forschungsobjektes.

Bei Prognostizierung und Planung der Forschung ist es also notwendig, Wissen über *Gesetzmäßigkeiten und Erscheinungen in der Entwicklung der Gesellschaft, der Wissenschaft und des jeweiligen Forschungsgegenstandes zusammenzuführen*; das bedeutet insbesondere: Wissen über die aus der Bedürfnisentwicklung abzuleitenden gesellschaftlichen Anforderungen an die Forschung, vor allem an Forschungsresultate und über die gesellschaftlich verfügbaren Ressourcen für die Forschung; Wissen über die Entwicklung der Forschungstätigkeiten, dabei besonders über den Erkenntnisfortschritt; Wissen über den betreffenden Forschungsgegenstand. Die Nutzung von Gesetzmäßigkeiten der Wissenschaftsentwicklung für Prognostizierung und Planung der Forschung ist somit ein Teilproblem, das stets im Rahmen des skizzierten Gesamtzusammenhanges zu untersuchen und zu bewältigen ist, auch wenn es im folgenden – aus Gründen der Untersuchung und Darstellung – weitgehend für sich betrachtet wird.

Die auf die Planung der Forschung selbst, den Planungsprozeß (als eine spezifische wissenschaftliche Tätigkeit) wirkenden Gesetze können als sowohl der oben genannten Gruppe der gesellschaftlichen Gesetze wie auch den Gesetzen der Wissenschaftsentwicklung zugehörig betrachtet werden. Sie äußern sich beispielsweise in der Entwicklung der Planungsmethoden und -instrumentarien, in der Durchsetzung bestimmter Planungsprinzipien, in der Erhöhung der Planwirksamkeit u. ä.

Bei der Ausnutzung der Gesetzmäßigkeiten lassen sich demnach verschiedene Bereiche bzw. Ebenen im Rahmen der Forschungsarbeit und -leitung unterscheiden:

– einmal der Bereich des Forschungsgegenstandes,

[5] Vgl. H. Laitko: Zur Wissenschaftsauffassung der marxistisch-leninistischen Wissenschaftstheorie, in: Wissenschaftliche Zeitschrift der Humboldt-Universität zu Berlin, Gesellschafts- und Sprachwissenschaftliche Reihe 6/1971, S. 691–697.

– weiter der Gegenstand der Forschungsleitung und -planung, d. h. die Forschungstätigkeiten zur Untersuchung des Forschungsgegenstandes,
– schließlich die Leitungs- und Planungstätigkeiten selbst, die auf die Gestaltung und Orientierung der Forschungsarbeit gerichtet sind.

In diesen Bereichen treten jeweils besondere Aspekte der Gesetzmäßigkeiten und – im Zusammenhang mit deren Ausnutzung – der Unbestimmtheiten auf. Stellt man die verschiedenen hier genannten Gruppen der Gesetze und ihre Nutzungsbereiche (aus der Sicht der Forschungsplanung) gegenüber, dann ergibt sich die folgende Übersicht:

	Gesetze der Gesellschaftsentwicklung	Gesetze der Wissenschaftsentwicklung	Gesetze im Bereich des Forschungsgegenstandes
Wirkungen im Bereich des Forschungsgegenstandes	×	–/×*	⊗
Wirkungen bei der Forschungstätigkeit (auf den Gegenstand der Forschungsplanung)	⊗	⊗	⊗
Wirkungen bei der Planungstätigkeit	⊗	⊗	×

Abb. 1: Gruppen und Wirkungsbereiche von Gesetzen
– keine Auswirkungen
× z. T. Auswirkungen (und zwar je nach dem Forschungsgegenstand)
⊗ Auswirkungen vorhanden
* wirken hier dann, wenn die Wissenschaft oder der Planungsprozeß selbst untersucht werden

Forschungstätigkeit und ihre Planung sind vor allem gesellschaftliche Tätigkeiten. Die hier wirkenden Gesetzmäßigkeiten fordern aktive Ausnutzung durch den handelnden Menschen, realisieren sich nur im Vollzug seiner Arbeit.

Im Bereich des Forschungsgegenstandes spielen je nach dem Charakter des Problems und der Zielstellung Gesellschafts- und/oder Naturgesetze eine Rolle. Je komplexer die von der Forschung zu lösenden Aufgaben werden und je weitreichendere sowie tiefgreifendere gesellschaftliche Wirkungen von den Forschungsarbeiten ausgehen bzw. zu erwarten sind, um so deutlicher wird das Zusammenwirken von Gesellschafts- und Naturgesetzen, um so notwendiger die Zusammenarbeit von Natur-, technischen und Gesellschaftswissenschaften. „Die Integration von Natur- und Gesellschaftswissenschaften, die Festigung der Einheit der Wissenschaft auf der Basis des dialektischen Materialismus ist eine Grundbedingung, um die Vorzüge unserer entwickelten sozialistischen Gesellschaft voll zur Meisterung der wissenschaftlich-technischen Revolution einzusetzen."[6] Im Programm der Sozialistischen Einheitspartei Deutschlands heißt es: „Der weitere gesellschaftliche Fortschritt verlangt objektiv das enge Zusammenwirken von Natur-, technischen und Gesellschaftswissenschaften."[7] Für den Planzeitraum 1976 bis 1980 wird besonders betont: „Die Gestaltung der entwickelten sozialistischen Gesellschaft und die Meisterung der wissenschaftlich-technischen Revolution erfordern, in stärkerem Maße die Einheit von Natur-, Gesellschafts- und technischen Wissenschaften in der Praxis durchzusetzen und durch gemeinsame Anstrengungen und koordiniertes Vorgehen die Wirksamkeit jeder einzelnen Disziplin und der Wissenschaft als Ganzes zu erhöhen."[8] Die Forschungsplanung muß daher dazu beitragen, die für die jeweilige Aufgabenstellung notwendige interdisziplinäre Zusammenarbeit entsprechend den naturwissenschaftlichen, technischen und gesellschaftlichen Aspekten und Gesetzmäßigkeiten des Gegenstandes zu entwickeln.

Die Nutzungsmöglichkeiten von Gesetzen der Wissenschaftsentwicklung werden aber nicht allein gewissermaßen in einer Richtung durch den Stand der Erkenntnis dieser Gesetze determiniert. Vielmehr kann man von der These ausgehen, daß Kenntnisse über die generellen Übergänge von Gesetzeswissen zu Forschungsplänen auch einen Einfluß auf die Entwicklung und auf die Aufbereitung dieses Wissens für die Anwendung in der Planung ausüben, z. B. auch Bereiche notwendigen, aber noch nicht oder nicht ausreichend vorhandenen Gesetzeswissens hervorheben. Das folgt im Grunde genommen aus der Auffassung, daß zur Erkenntnis des Wesens gesellschaftlicher Entwicklungsprozesse – als Grundlage für die Bewältigung gesellschaftlicher Problemsituationen – nicht nur die Erkenntnis der jeweiligen Gesetze, sondern auch die der Wirkungsweise und der Nutzungsmöglichkeiten dieser Gesetze gehören.

2.2. Grundsätzliche Wege und Formen des Einfließens von Gesetzeswissen in den Planungsprozeß

Wenn man sich die Frage nach den Wegen und Formen für das Nutzbarmachen von Gesetzeswissen in der Forschungsplanung stellt, dann läßt sich diese zunächst in zwei Teilfragen gliedern:

[6] K. Hager: Wissenschaft und Technologie im Sozialismus, Berlin 1974, S. 28.

[7] Programm der Sozialistischen Einheitspartei Deutschlands, Berlin 1976, S. 47.

[8] Direktive des IX. Parteitages der Sozialistischen Einheitspartei Deutschlands zum Fünfjahrplan für die Entwicklung der Volkswirtschaft der DDR in den Jahren 1976–1980, Berlin 1976, S. 26.

1. *Wie* fließen die Gesetzeskenntnisse, d. h. in welcher Form und Konkretisierung in die Planung ein?
2. *Wo*, an welcher Stelle, in welchen Abschnitten der Planung werden Gesetzeskenntnisse zu nutzen sein?

Zu 1

Hörz[9] nennt vier theoretische Bindeglieder zwischen objektiven gesellschaftlichen Gesetzen und gesellschaftlichem Handeln

- „Erkenntnis der Gesetze, die in der Weltanschauung bis zur Bestimmung der Werte des Lebens geführt werden muß";
- „Normen als Wertmaßstab und Regulator des Handelns";
- „die Entscheidung im Rahmen entwickelter Strategien und als Grundlage bewußten gesellschaftlichen Handelns" und
- „die Auswertung der praktischen Erfahrungen, die zur Präzisierung der Gesetzeserkenntnis und zur Veränderung der Normen führen kann".

Diese Verbindungswege treten auch im Zusammenhang mit der Ausarbeitung von Forschungsplänen auf: Gesetzeserkenntnisse dienen als Grundlage der Zielfindung und zur Begründung der Ziel-Mittel-Systeme; Normen gehen zum Teil in die Festlegungen zu einzelnen Planpositionen ein, zum Beispiel beim Potential, bei Finanzen o. ä.; Entscheidungen sind zu fällen, und der Plan kann als Resultat einer Gesamtheit von getroffenen Entscheidungen aufgefaßt werden; praktische Erfahrungen werden in vielfältiger Weise genutzt, dabei Gesetzeserkenntnisse vervollkommnet und Normvorstellungen präzisiert u. a. m.

Darüber hinaus gibt es, wenn man aus der Sicht der Planung an die Frage herangeht, offenbar noch weitere auch theoretisch wichtige Übergänge von objektiven gesellschaftlichen Gesetzen zu gesellschaftlichem Handeln. Dazu gehören beispielsweise Methoden und Methodiken oder auch Ziele. Der Plan kann u. E. auch nicht lediglich einem der vier oder weiteren Bindegliedern zugeordnet werden. Er stellt vielmehr ein eigenständiges und hervorragendes Bindeglied zwischen objektiven gesellschaftlichen Gesetzen und menschlichem Handeln dar, das die von Hörz genannten Aspekte (und möglicherweise noch andere) vereint.

Gesetzeskenntnisse können natürlich nicht in ihrer abstrakten Form im Planungsprozeß direkt konkret genutzt werden. Es ist vielmehr erst ein Umformungsprozeß erforderlich. Gesetzeswissen wird nicht unmittelbar als solches allein wirksam. Was vor allem genutzt wird, das sind die auf seiner Basis ausgearbeiteten Anleitungen zum Handeln in Gestalt von Normen, Prinzipien, Kennziffern, Methoden, Zielen u. a. m. So greift der Konstrukteur in seiner Arbeit auf Tabellen und Korrelationskurven zurück. Er vermag sie aber nur zu nutzen, wenn er einen Fundus an Grundkenntnissen

[9] H. Hörz: Objektive gesellschaftliche Gesetze und Subjekt-Objekt-Dialekt, in: Deutsche Zeitschrift für Philosophie 10/11/1974, S. 1206–1217.

über die relevanten Gesetze besitzt. Ähnlich müssen wir uns das aber auch bei der Forschungsplanung vorstellen. Das Wirksamwerden von Gesetzeswissen erfolgt hier sowohl durch ideelle Einflußnahme auf die Einstellung und das subjektive Handeln der Forscher und der Planer als auch durch die Gestaltung von objektiven Bedingungen für die Forschungstätigkeit.[10] Das Gesetzeswissen kann also als sogenanntes Grundwissen des Planers wirksam werden, und als solches kann es zu planungsmethodischen Prinzipien weitergeführt bzw. spezifisch konkretisiert werden. Das Gesetzeswissen kann in seiner zweiten Form als abgeleitete Kennziffer, als Regression, als Modellvorstellung Einfluß in der Planung gewinnen, z. B. bei Werten über das aufgabenspezifische Verhältnis von Grundmitteln und Zahl der Wissenschaftler, bei Beziehungen innerhalb der Struktur der finanziellen Mittel u. ä. Zu dieser zweiten Form gehören auch methodische Regeln und solche Faustregeln, wie beispielweise die folgende: „Bei Planungsentscheidungen ist die Konzentration der Kräfte durch ungleichmäßige Verteilung der Gewichte einer Konzentration durch vollständigen Ausschluß von Elementen aus dem System der wissenschaftlichen Tätigkeiten vorzuziehen."[11]

Bereits diese Überlegungen zeigen jedoch, daß es notwendig und sicher auch nützlich ist, unsere Vorstellungen über das Spektrum der Einwirkungs- oder Einflußformen von Gesetzeswissen im Planungsprozeß noch weiter auszubauen bzw. überhaupt erst aufzubauen.

Zu 2

Zur Beantwortung der Frage, in welchen Abschnitten des Planungsprozesses Gesetzeskenntnisse zu nutzen sind, bietet sich ein Zugang in der Darstellung der (logischen) Struktur des Planungsprozesses. Um Ansatzpunkte dafür zu verdeutlichen, soll zunächst auf die einfachere Struktur des Prognostizierens, das Teil der Planungstätigkeit ist, hingewiesen werden.

Eine Prognose (P) entsteht auf Grund von allgemeinen Aussagen, Gesetzeswissen und Hypothesen (G) und Wissen über die Anfangs- und Entwicklungsbedingungen des Prognoseobjektes (B) durch schöpferische Anwendung prognosemethodischer Vorgehensweisen.[12] Daraus ergibt sich etwa folgendes Bild:

$$\begin{array}{c} G \\ B \\ \hline P \end{array}$$

[10] Vgl. Wissenschaft. Stellung, Funktion und Organisation in der entwickelten sozialistischen Gesellschaft, hrsg. von G. Kröber und H. Laitko, Berlin 1975, S. 138f.

[11] Ebenda, S. 105.

[12] Vgl. G. Kröber: Prognose, in: Philosophisches Wörterbuch, hrsg. von G. Klaus und M. Buhr, Bd. 2, Leipzig 1974, S. 978–983.

Dabei soll, um möglichst einfach zu bleiben, vom Systemcharakter, vom Möglichkeitscharakter und von der Wahrscheinlichkeitsstruktur, die *G*, *B* und auch *P* eigen sind, einmal abgesehen werden. Auf diese wichtigen Gesichtspunkte hat Schulze[13] besonders hingewiesen. Wir brauchen also beim Prognostizieren Wissen über Gesetze, allgemeine Aussagen und Hypothesen, Bedingungswissen und methodisches Wissen.

Bei der Planung sieht die Struktur wesentlich reichhaltiger aus. Hier sind Gesetzeswissen und Hypothesen über das Planungsobjekt erforderlich (sofern nicht das Objekt vorliegender Prognosen völlig identisch mit dem Planungsobjekt ist) und Wissen über die Bedingungen der Gesetzeswirkung. Es sind aber auch zu berücksichtigen: Prognosen (*P*), Resultate von Analysen über Möglichkeiten der Zielrealisierung (*Z*), über politische, ökonomische, weltanschauliche, ethische und sonstige Umstände, die mit dem Planungsgegenstand verbunden sind (*U*) und über die Ressourcen, die die Gesellschaft aufbringen kann (*R*). Diese Faktoren sind selbst wieder mit Gesetzmäßigkeiten verbunden. Außerdem ist das planungsmethodische Vorgehen wesentlich vielfältiger gegliedert. Es umfaßt z. B. Ableitungsprozesse, Entscheidungs- und Abstimmungsvorgänge u. ä. m. und muß die verschiedenen Ausgangsaussagen vielfältig miteinander verbinden. Auch der Plan selbst stellt ein kompliziertes System von Aufforderungen und Aussagen dar, wobei die Aufforderungen auch – und gerade bei der Forschung ist das der Fall – zur Selbstentwicklung neuer Aufforderungen anregen können. Das Strukturbild könnte also ungefähr wie folgt aussehen, wobei auch hier wieder der Systemaspekt, Möglichkeiten und Wahrscheinlichkeiten zusätzlich berücksichtigt werden müßten:

$$\frac{\begin{matrix} G \\ P\ B\ Z\ U\ R \end{matrix}}{Pl}$$

Das in den Prämissen erforderliche Wissen entspricht im wesentlichen dem Wissen über die Elemente der Planungssituation und deren Zusammenwirken. Für das Vollziehen von Planungsaktivitäten muß es durch planmethodisches Wissen ergänzt werden (abgesehen von den erforderlichen Instrumentarien etc.).

Betrachtet man nun die Prämissen und das zu ihrer zweckgerichteten Verarbeitung erforderliche planungsmethodische Vorgehen (hier durch den Strich charakterisiert), dann sind Gesetzeskenntnisse erforderlich:

[13] Vgl. D. Schulze: Zur logischen Struktur von Prognosen, Forschungsbericht, Sektion Wissenschaftstheorie und Wissenschaftsorganisation der Humboldt-Universität zu Berlin, 1973; D. Schulze: O strukturze logicznej prognoz (On the Logical Structure of Prognosis), in: Zagadnienia Naukoznawstwa, Bd. VIII, 4 (32)/1972, S. 463–485.

1. für alle Elemente der Planungssituation und bei der Erfassung ihrer Relationen zueinander,
2. für alle Abschnitte des zu planenden Forschungsprozesses, für die Planangaben erforderlich sind (Forschungsziel, -methode, -potential usw.), und für die Relationen zwischen den einzelnen Planangaben,
3. zur Gestaltung der Planungsmethodik selbst (als Grundlage planungsmethodischer Prinzipien und Regeln).

Dieser Problemaufriß veranlaßt dazu, Überlegungen und Untersuchungen zu nachstehenden Fragen bzw. Zusammenhängen anzustellen und in den folgenden Abschnitten dieses Kapitels zur Diskussion zu stellen:
- Einflüsse von Gesetz- und Regelmäßigkeiten sowie Unbestimmtheiten der Forschung auf Elemente und Merkmale der Planungssituation;
- Spezifische Aspekte der Nutzung von Gesetzeserkenntnissen bei verschiedenen Teiltätigkeiten der Planung;
- Gesetzmäßigkeiten und Unbestimmtheiten in den einzelnen Abschnitten der Forschungstätigkeit;
- Beeinflußbarkeit der Wirkungsbedingungen von Gesetzmäßigkeiten der Wissenschaftsentwicklung im Planungsprozeß; Berücksichtigungsmöglichkeiten der Unbestimmtheiten im Planungsprozeß;
- Entwicklungstendenzen der Forschungsplanung.

2.3. Gesetzmäßigkeiten der Wissenschaft und Planungssituation

Ein Weg, um die Wirkung bzw. das Auftreten von Gesetzmäßigkeiten der Wissenschaftsentwicklung im Zusammenhang mit Prognostizierung und Planung der Forschung darzustellen, besteht in der Untersuchung der Planungssituation unter diesem Gesichtspunkt. (Die Prognostizierung wird dabei als eine Voraussetzung der Planausarbeitung und als Bestandteil des gesamten umfassenden Planungsprozesses einbezogen.)

Eine Planungssituation wird gekennzeichnet durch die Notwendigkeit, die Bedingungen, die Möglichkeiten und die Grundrichtung (Prinzipien) der Planung; sie wird durch die Merkmale und die gegenseitigen Beziehungen verschiedener Elemente bestimmt: von Plansubjekt und -objekt, realen Möglichkeiten der Zielstellung, Mitteln und Instrumenten zur Zielrealisierung sowie Umständen der Planung und der Planrealisierung.[14] Alle genannten

[14] Vgl. A. Bauer, W. P. Eichhorn und G. Klaus: Plan, in: Philosophisches Wörterbuch, hrsg. von G. Klaus und M. Buhr, Bd. 2, Leipzig 1969, S. 846. In der neuen Auflage (10. Auflage 1974) des Philosophischen Wörterbuches wird der Begriff Planungssituation nicht mehr erwähnt. Er dürfte jedoch auf Grund unserer Untersuchungen und Überlegungen wichtige Zugänge zur Fundierung des Planungsprozesses gestatten. Das zeigt sich beispielsweise, wenn man die Spezifik der Planung in einem bestimmten Bereich untersucht, die Berechtigung oder Notwendigkeit von Planangaben prüft u. ä.

Elemente der Planungssituation und deren Wechselbeziehungen werden durch Gesetzmäßigkeiten der Wissenschaftsentwicklung beeinflußt.

Die Untersuchung (und Reflexion) einer Planungssituation bildet, vermittelt durch Entscheidungs-, Abstimmungs- und Ableitungsprozesse[15], auch die Grundlage für Prognoseaufträge (zum Stellen von Prognosen) und Planungsdirektiven (zum Erarbeiten von Plänen), die Aufforderungscharakter für den gesamten Planungsprozeß haben.

Eine Zuordnung der verschiedenen Gruppen von Gesetzen (und Unbestimmtheiten) nach ihrer Wirkung auf die Elemente der Planungssituation ergibt den in Abb. 2 folgenden Überblick, wobei die Eingruppierungen durchaus einschätzenden Charakter haben und noch vertiefender Untersuchung bedürfen.

Die verschiedenen Gesetzmäßigkeiten und die mit deren Ausnutzung verbundenen Unbestimmtheiten wirken in unterschiedlicher Weise bei den einzelnen Elementen der Planungssituation: direkt, vermittelt; verschieden intensiv; differenziert bei den einzelnen Teilen, Aspekten oder Faktoren der Elemente.

Elemente der Planungssituation in der Forschung	Gruppen von Gesetzmäßigkeiten			Unbestimmtheiten nach ihren generellen Quellen		
	GG	*GW*	*GFg*	*UFg*	*UGG*	*UFo*
1. Planungssubjekt (Kollektive aus Forschern, Forschungsleitern, Staats- und Wirtschaftsfunktionären, Parteifunktionären)	⊗	⊗	–	–	⊗	⊗
2. Planungsobjekt (Forschungstätigkeiten verschiedener Art)	⊗	⊗	×	×	⊗	⊗

[15] *Entscheiden* bedeutet hier Auswahl aus mehreren Möglichkeiten des Handelns oder Unterlassens bzw. das Festlegen einer bestimmten Art des Vorgehens. Entscheiden schließt Bewerten ein bzw. setzt es voraus; *Abstimmen* heißt, verschiedene Möglichkeiten der Entwicklung von Zielen, Wegen und Ressourcen mit Partnern außerhalb des eigenen Kompetenzbereiches zu koordinieren; *Ableiten* besteht in der Ermittlung logisch aufeinander folgender Aussagen, Schrittfolgen, Prozeßstufen etc. Alle drei Teiltätigkeiten und ihre sinnvolle Kombination erfordern notwendig einen Anteil schöpferischer Leistungen, verlangen Aktivitäten, die sich aufgabenspezifisch hinsichtlich Umfang und Inhalt unterscheiden. Entscheiden ist dabei in gewisser Weise übergeordnet. Abstimmen und Ableiten sind Tätigkeiten, die zu Entscheidungen hinführen (in dem hier behandelten Zusammenhang).

Elemente der Planungssituation in der Forschung	Gruppen von Gesetzmäßigkeiten *GG*	*GW*	*GFg*	Unbestimmtheiten nach ihren generellen Quellen *UFg*	*UGG*	*UFo*
3. reale Möglichkeiten der Zielstellung und der Zielrealisierung						
3.1. Ausgangswissen über gesellschaftliche und wissenschaftliche Probleme und Lösungsmöglichkeiten	⊗	⊗	⊗	⊗	⊗	⊗
3.2. Forschungskollektive zur Problembearbeitung	⊗	⊗	×	×	⊗	⊗
3.3. Forschungsmethoden	×	⊗	⊗	⊗	⊗	⊗
3.4. materielle Voraussetzungen der Forschung	×	⊗	×	⊗	–	×
4. Bedingungen/Umstände der Planung und der Planrealisierung						
4.1. gesellschaftliche Anforderungen an die Forschung	⊗	⊗	⊗	⊗	⊗	⊗
4.2. gesellschaftliche Bedingungen für Ziele und Zielrealisierung (einschl. Ressourcenentwicklung)	⊗	⊗	⊗	⊗	⊗	⊗
5. Prognose- und Planungsinstrumentarien und -bedingungen	⊗	⊗	×	×	⊗	⊗

Abb. 2: Elemente der Planungssituation und Gruppen von Gesetzmäßigkeiten

GG gesellschaftliche Gesetze
GW Wissenschaftsgesetze
GFg Gesetze im Bereich des Forschungsgegenstandes
UFg Unbestimmtheiten infolge Kenntnismangel über Gesetze und ihre Bedingungen im Bereich des Forschungsgegenstandes (der durch Forschungstätigkeit untersucht werden soll)
UGG Unbestimmtheiten entsprechend der Funktion des subjektiven Faktors bei gesellschaftlichen Gesetzen
UFo Unbestimmtheiten infolge der Eigenschaft der Forschung, in neue Erkenntnisbereiche vorzustoßen

So treten sicher andere konkrete Wissenschaftsgesetze bzw. andere Aspekte des gesamten Systems der Gesetzeswirkungen beim Bestimmen des Planungssubjekts in den Vordergrund als bei den Planungsinstrumentarien. Oder es unterscheidet sich der Einfluß der Unbestimmtheiten des Forschungsgegenstandes auf das Planungsobjekt, d. h. die Forschungstätigkeit, von dem auf die gesellschaftlichen Anforderungen an die Forschung. Jede Planungssituation verlangt daher für sich eine konkrete Analyse über die Art und die Einflußweise der Gesetze und Unbestimmtheiten. Das wird noch dadurch unterstrichen, daß im Unterschied zur industriellen Produktion in der Forschung das Hervorbringen unterschiedlicher, sich nicht wiederholender Ergebnisse (Erkenntnisse) typisch und gesellschaftlich erwünscht ist.

Die Aufgliederung in der Abbildung 2 läßt m. E. Hinweise darüber zu, in welchen Bereichen überall Anstrengungen zur Erarbeitung von Wissen über gesetzmäßige Zusammenhänge unternommen werden können. Zu allen die Planungssituation bestimmenden Elementen werden auch wissenschaftstheoretische Forschungsarbeiten durchgeführt.[16] Diese können damit direkt oder indirekt zur Verbesserung der Planung beitragen.

Aus seinen Überlegungen und Untersuchungen über den Zusammenhang von Erkenntnis, Handlungsanweisung und Tätigkeit folgert Wittich, daß Handlungsanweisungen – und Pläne können als solche angesprochen werden – durch Erkenntnisse begründet und gefunden werden, und schreibt: „Eine Tätigkeit, die in einem möglichst hohen Maße den gewollten Wirkungen entspricht, muß auf Gesetzeserkenntnissen über mindestens folgende Gegenstände beruhen: a) über das Subjekt und seine gesellschaftliche Umgebung (gesellschaftliche Gesetzmäßigkeiten), b) über die geistigen und materiellen Mittel des Subjekts (Erkenntnisse über psychische, logische, technologische Gesetzmäßigkeiten), c) über den Gegenstand des Handelns des Subjekts (Gesetzmäßigkeiten, die den natürlichen oder gesellschaftlichen Gegenstand beherrschen). Erst Gesetzeserkenntnisse über alle diese Bereiche können die Realisierbarkeit einer Handlungsanweisung durch ein Subjekt bzw. die Bedeutung der Realisierung einer Handlungsanweisung für ein Subjekt umfassend wissenschaftlich begründen.“[17]

Vergleicht man diese drei Bereiche mit der Planungssituation in der Forschung (vgl. Abbildung 2), so sind m. E. 1. ergänzende Gesetzeserkenntnisse notwendig, die sich nicht nur auf den zu planenden Bereich der Forschungstätigkeiten beziehen, sondern auch die Planungstätigkeit selbst betreffen;

[16] z. B. zur Planung selbst, zum Forschungsprozeß und zur schöpferischen Arbeit, zur Forscherpersönlichkeit und zum Forschungskollektiv, zur Entwicklung des Erkenntnisfortschritts, zur Methodentheorie, zur Potentialgestaltung, zur gesellschaftlichen Integration der Forschung u. a. m.

[17] D. Wittich: Über den Zusammenhang von Erkenntnis, Handlungsanweisung und Tätigkeit, in: Deutsche Zeitschrift für Philosophie 7/1974, S. 834f.

2. ergeben sich Möglichkeiten zur detaillierteren Zuordnung der einzelnen Gruppen von Gesetzmäßigkeiten (und auch Unbestimmtheiten). Lassen sich zum gegenwärtigen Zeitpunkt auch noch nicht konkrete, etwa richtlinienartige Hinweise zur Anwendung von Gesetzeswissen bei den einzelnen Elementen der Planungssituation geben, so sollte doch bei der jeweiligen Planung gefragt werden: Liegen hier gesetzmäßige Zusammenhänge oder Unbestimmtheiten entsprechend den einzelnen Gruppen vor und wie können/müssen sie bei der Planung berücksichtigt werden? Wie sind sie miteinander verbunden? In diesem Sinne könnte die Übersicht (vgl. Abbildung 2) auch anregend und kontrollierend bei der Planung genutzt werden, wenn sie auch noch keineswegs als umfassend und genügend fundiert angesehen werden kann. Gegebenenfalls lassen sich dadurch auch Bereiche möglicher, eventuell vordringlich oder überhaupt noch aufzuklärender Gesetzmäßigkeiten erkennen,[18] die Wahl und Modifikation der Prognose- und Planungsmethoden objektivieren[19] oder Möglichkeiten der Annäherung der Planungsarbeit verschiedener gesellschaftlicher Bereiche (z. B. Forschungsvorhaben und relevante Abschnitte der gesellschaftlichen Reproduktion) prüfen[20] u. ä.

2.4. Spezifische Aspekte der Nutzung von Gesetzeswissen bei verschiedenen Teiltätigkeiten der Planung

Die Gesetzesnutzung erfolgt bei den einzelnen Teilaktivitäten der Planungsarbeit offensichtlich auf verschiedene Weise. Das wird z. B. schon deutlich, wenn man Prognostizieren und Planausarbeiten miteinander vergleicht[21]. Im Gesamtprozeß der Planung sind Prognostizierung und Planausarbeitung zwar untereinander verbundene und einander bedingende, aber doch unterschiedliche wissenschaftliche Tätigkeiten. Auch die Art der Notwendigkeiten und der Möglichkeiten zur Nutzung von Gesetzmäßigkeiten unterscheidet sich bei Prognosen und Plänen.

Prognosen – als Resultat des Prognostizierens, eines Prozesses wissenschaft-

[18] Einen wichtigen Ansatzpunkt in diesem Zusammenhang kann die Methodik des Systemherangehens bieten; vgl. z. B. N. P. Fedorenko (Hrsg.): Planirovanie naučnych issledovanij i informacionnoe obespečenie, Moskau 1972.

[19] Was keineswegs nur, wie bei S. Makridakis und S. Wheelwright, nach methodenspezifischen Kriterien erfolgen kann (nach Daten- und Modelltyp, Zeitaufwand, Kosten, Anwendbarkeit, Genauigkeit usw.), sondern mehr die Breite gesetzmäßiger Zusammenhänge entsprechend der gesamten Planungssituation berücksichtigen sollte. (S. Makridakis und S. Wheelwright: Integrating Forecasting and Planning, in: Long Range Planning 3/1973, S. 55).

[20] Vgl. die Forderung von H. Nick: Intensivierung und wissenschaftlich-technischer Fortschritt, Berlin 1974, S. 164.

[21] Vgl. auch Abschnitt 2.2.

licher Untersuchungen mit Forschungscharakter – stellen im wesentlichen Aussagen dar. Die Prognostizierung erfolgt dabei (in dem hier behandelten Sinne) entsprechend den Anforderungen der Planungs- und Entscheidungssituation, d. h. im Hinblick auf Leitungsaufgaben. Prognosen dienen der Planvorbereitung.

Pläne – als Resultat des Planens, wobei Ableitungs-, Abstimmungs- und Entscheidungsprozesse untereinander verknüpft sind – stellen im wesentlichen Gesamtheiten von Aufforderungen (Anweisungen, Direktiven) dar; Aussagen über Bedingungen, Umstände, Probleme, Erkenntnisse o. ä. gehen zur näheren Kennzeichnung in das Aufforderungssystem ein. Pläne können als Resultat vollzogener (Plan-)Entscheidungen betrachtet werden. Planung der Forschung ist eine wissenschaftliche Leitungstätigkeit, die eng mit der Forschungstätigkeit verbunden ist.

Die Eigenschaften der Prognosen, mehr oder auch weniger zuverlässig, gut oder wenig wissenschaftlich begründet zu sein, und die Eigenschaften des Planes (hinsichtlich seiner Adäquatheit, Komplexität, Proportionalität, Flexibilität, Operativität und Realität) hängen davon ab bzw. werden wesentlich dadurch beeinflußt, wie Gesetzeskenntnisse über die Wissenschaftsentwicklung im Zusammenhang mit solchen über die Gesellschaft und den spezifischen Inhalt des jeweils untersuchten Objektes bei der Prognostizierung und Planung nutzbar gemacht werden bzw. gemacht werden können. Beim Prognostizieren werden Kenntnisse über Gesetzmäßigkeiten der Wissenschaftsentwicklung genutzt vor allem als Prämissen im Rahmen des Informationsmassivs, aus denen Prognosen abgeleitet werden (welchen Gesetzen folgt die Entwicklung des Prognoseobjektes, welche wirken bei den Anfangs- und Entwicklungsbedingungen?) Die Prognosemethoden haben als wichtige Aufgabe u. a. die Aufbereitung, Ordnung und z. T. auch Gewinnung dieses Wissens über Gesetzmäßigkeiten und ihre Wirkungsbedingungen zu leisten bzw. zu ermöglichen[22], auch wenn das bei der Behandlung von Methoden nicht immer explizite gesagt wird. Die Art der Gesetz-

[22] Vgl. als Auswahl aus den zahlreichen Veröffentlichungen u. a. besonders: Methodik der gemeinsamen Prognostizierung der Entwicklung von Wissenschaft und Technik durch die interessierten Mitgliedsländer des RGW, Moskau 1975 (Internationales Zentrum für wissenschaftliche und technische Information, Abteilung für wissenschaftlich-technische Zusammenarbeit des RGW), in der DDR deutsch herausgegeben vom Ministerium für Wissenschaft und Technik; sowie aus der DDR: H.-D. Haustein: Wirtschaftsprognose. Grundlagen – Elemente – Modelle, Berlin 1969; H.-D. Haustein: Prognoseverfahren und ihre Anwendung im ökonomischen System des Sozialismus (Thesen), in: Wirtschaftswissenschaft 7/1969, S. 1006–1022; A. Bauer, W. Eichhorn I, G. Kröber, H. Schulze, W. Segeth und K.-D. Wüstneck: Philosophie und Prognostik, Berlin 1968; W. Feitscher und S. Reball: Methodische Hilfsmittel für die Prognostik, in: Die Technik 5/1967, S. 293–298.

mäßigkeiten übt auch einen Einfluß auf den zweckmäßigen Methodentyp aus. Das ist z. B. daran zu erkennen, daß u. a. von Struktur-, Grenzwert-, Schwellwertanalysen etc. gesprochen wird.

Dabei wird ausgehend von dem jeweils erreichten Stand der Erkenntnis über Gesetze und ihre Wirkungsbedingungen prognostiziert. Es muß besonders prognostiziert werden, welchen Änderungen diese Bedingungen unterliegen. Auch hier fließen wieder Gesetzeskenntnisse und Wissen über Wirkungsbedingungen ein. Bei der Umsetzung des Gesetzeswissens besteht demnach eine Unsicherheit dadurch, daß die Vollständigkeit der Kenntnisse über Gesetze und ihre Wirkungsbedingungen nicht immer geprüft werden kann und die Bedingungsänderungen nicht eindeutig gewissermaßen logisch abgeleitet werden können.[23]

Wissenschaftsprognosen enthalten dann selbst auch Aussagen über das künftige Wirken von Gesetzen der Wissenschaftsentwicklung (über die Bedingungen und ihre Veränderungen).

Beim Prognostizieren werden aber auch Gesetzmäßigkeiten der Wissenschaft wirksam und genutzt, die die Gestaltung und Entwicklung des Prognoseprozesses selbst betreffen. Wenn man die Prognosetätigkeit und die in ihr angewendeten methodischen Vorgehensweisen nach drei Gruppen aufteilt in Expertise[24], Anwendung formalisierter Prognosemethoden[25] und Prognoseforschung[26], so werden bei allen drei Vorgehensweisen und deren sinnvoller Kombination gesetzmäßige Zusammenhänge beachtet bzw. nutzbar gemacht. Das sind jedoch in der Regel inhaltlich andere Erkenntnisse (darunter über Gesetzmäßigkeiten) als die im Informationsmassiv.

Es werden also insgesamt im wesentlichen Gesetzeskenntnisse über das Prognose*objekt* und über die Prognose*tätigkeit* verwendet.

Ähnliche, aber nicht gleiche Verwendungsweisen und -bereiche gibt es bei der Forschungsplanung. Hier werden Kenntnisse über Wissenschaftsgesetze genutzt

– vor allem *vermittelt* durch Analysen und Prognosen über den Forschungs-

[23] Vgl. J. Wild: Probleme der theoretischen Deduktion von Prognosen, in: Zeitschrift für die gesamte Staatswissenschaft 4/1970, S. 553–576; „Während man also bei der Erklärung und der Retrognose davon ausgehen kann, daß das Antezedenz bekannt und gegeben ist, man also weiß, daß die Anwendungsbedingungen des Gesetzes erfüllt sind . . ., muß bei der Prognose stets erst gefragt werden, ob die Anwendungsbedingungen in der relevanten Zukunft erfüllt sein werden, . . .“. Dadurch ergibt sich ein „mehrstufiger Prognoseprozeß bei der Deduktion“ von Voraussagen. Ebenda, S. 565.

[24] Methoden zum rationellen und systematischen Einsatz von Experten in der Prognosearbeit.

[25] Methoden zur Gewinnung und Aufbereitung prognoserelevanter Daten.

[26] Methoden zur Erzeugung von Ausgangswissen bei nicht ausreichenden Prämissen (durch entsprechende Forschung).

gegenstand und das damit verbundene Objekt der Forschungsplanung, überhaupt durch Analysen der gesamten Planungssituation;
– bei der Gestaltung des Planungsprozesses selbst.
Forschungspläne enthalten dann auch Aufforderungen zur Nutzung von Gesetzen der Wissenschaftsentwicklung, insbesondere durch Gestaltung der Wirkungsbedingungen.

Eine weitergehende Aufgliederung nach den einzelnen Teilschritten des Planens ist für die Darstellung planungsmethodischer Schrittfolgen und deren Entwicklung bzw. Fundierung notwendig. Planung der Forschung stellt eine äußerst komplexe wissenschaftliche Tätigkeit dar, die verschiedene einzelne Teiltätigkeiten vereint, welche wiederum in unterschiedlicher Art und Weise Gesetzeserkenntnisse heranziehen und zu ihrer Nutzung beitragen. Die Informationsnutzung und -verarbeitung geht jeweils in ganz bestimmter spezifischer Weise vor sich. Diese Teiltätigkeiten sind – jeweils in unterschiedlichen Relationen zueinander – erforderlich, um Probleme zu erkennen und zu formulieren, um die verschiedenen Planungsmethoden, -techniken und -instrumentarien wirksam anzuwenden und um die verschiedenen Planpositionen (Ziele, forschungsmethodisches Vorgehen, Potential usw.) zu ermitteln und festzulegen. Sie können unter drei Gesichtspunkten gruppiert werden:

1. *Teiltätigkeiten der Planung nach erforderlichen geistigen Grundoperationen:* Erkunden, Bewerten, Ableiten, Entscheiden, Abstimmen, Bilanzieren, Aufgliedern und Aggregieren (Dekomposition und Komposition)[27];
2. *durch Leitungsfunktionen bestimmte Teiltätigkeiten der Planung:* Prognostizieren, Analysieren, Diagnostizieren, Synthetisieren, Planausarbeiten (der Plandokumente), Planpräzisieren[28];
3. *durch die Leitungsorganisation bedingte Teiltätigkeiten der Planung:* Planvorbereitung (durch Direktiven), Plandiskussion, Planverteidigung, Aktivitäten zur Planbestätigung.

Diese Teiltätigkeiten sind eigentlich, jede für sich genommen, nicht forschungsspezifisch. Die Forschungsspezifik kommt vielmehr darin zum Ausdruck, daß die einzelnen Teiltätigkeiten auf spezifische Art zu einem Gesamtsystem verbunden sind. Das wird wiederum bestimmt durch die Spezifik des Planungsgegenstandes. Die Spezifik der Forschungsplanung wird dabei jedoch

27 Dekomposition und Komposition sind dabei nicht als mechanisches Trennen und Zusammenfügen zu verstehen, sondern als inhaltliches Weiterverarbeiten auf jeder Stufe, was zu neuen Vertiefungen, Orientierungen etc. führt.

28 Das Planpräzisieren dürfte eine Tätigkeit (oder auch ein Aspekt der Planungsarbeit) sein, die sich erst entwickelt und die zunehmend an Bedeutung gewinnt. „Die langfristige Planung setzt Erkenntniszuwachs für ihren Planungszeitraum voraus. Das bedingt eine permanente und planmäßige Präzisierung und damit im wesentlichen einen ständigen Planungsprozeß.“ (Autorenkollektiv: Zur langfristigen Planung des volkswirtschaftlichen Reproduktionsprozesses, Berlin 1975, S. 157). Vgl. weiter auch Abschnitt 3.3.

nicht allein durch den Bezug der Planung auf die Forschung allgemein geprägt, sondern weiter auch durch die Besonderheiten je nach Leitungs- und Planungsebene, durch den Charakter der Arbeiten als Erkundungs-, Grundlagen-, angewandte Forschung oder Entwicklung, durch die jeweilige Wissenschaftsdisziplin, mithin durch die Spezifik der jeweiligen Problem- und Aufgabenstellung, so daß sich entsprechend die Notwendigkeit und Forderung nach differenzierter Planung ergibt.

2.5. Gesetzmäßigkeiten und Unbestimmtheiten in den verschiedenen Abschnitten der Forschungsarbeit

Die einzelnen miteinander verknüpften Abschnitte der Forschungstätigkeit sollen durch den Plan sinnvoll erfaßt und konzeptionell festgelegt werden. Dabei gilt es die Gesetze zu nutzen und die Unbestimmtheiten zu berücksichtigen, die bei der

1. Problemerfassung und -auswahl sowie der Zielbestimmung,
2. Ermittlung und Festlegung des methodischen Vorgehens,
3. Bestimmung des erforderlichen Potentials,
4. Entscheidung über die gesellschaftliche Nutzung erzielter bzw. angestrebter Forschungsresultate

bedeutungsvoll sind. Gesetzeswissen und Unbestimmtheiten bei Problem- und Zielbestimmung sowie bei der Resultatvoraussage haben bestimmenden Charakter gegenüber den Fragen, die mit der Methoden- und der Potentialfestlegung und der Überführung zusammenhängen. Es ist aber nicht nur notwendig, die Gesetzmäßigkeiten und Unbestimmtheiten in den genannten Abschnitten zu untersuchen, sondern besonders auch die der Übergänge zwischen ihnen. Zur Untersuchung der Unbestimmtheitsbereiche lassen sich dann bestimmte Fragen bzw. Aspekte nennen.[29]

Entsprechend den genannten Abschnitten des Forschungsprozesses können verschiedene Gruppen von Tendenzen, Regelmäßigkeiten oder gesetzmäßigen Zusammenhängen vermutet werden, z. B. für die Entwicklung und Herausbildung von Problemen und Zielen, für die Erkenntnisableitung, für den Methodenfortschritt, für das Potential und seine Elemente und für die Überleitungsprozesse.

Nun hängen die Tendenzen und Regelmäßigkeiten in den einzelnen Gruppen voneinander ab bzw. miteinander zusammen. Gerade das aber könnte für die Planung der Forschung nutzbringend sein, wenn es gelänge, diese Zusammenhänge möglichst weitgehend sichtbar zu machen und deutlicher,

[29] Vgl. dazu P. Hanke: Planungsprobleme in der Grundlagenforschung, Berlin 1975, S. 20–24 und S. 99–104; P. Hanke und D. Friederichs: Zu einigen für Prognostizierung und Planung wichtigen Unbestimmtheiten des Forschungsprozesses, in: Die Technik 9/1974, S. 572–576.

womöglich quantitativ zu erfassen. In der Forschungsplanung ist man gelegentlich auch vor die Aufgabe gestellt, einzelne Sektoren oder Bereiche des Ziel-Mittel-Systems zu konzipieren (z. B. beim Potential bzw. bei Potentialteilen, wie Investitionen, Gesamtzahl der Arbeitskräfte o. ä.), ohne daß die Bezüge zu Ziel und Methoden im einzelnen immer schon ausreichend bekannt sind. Auf höheren Leitungsebenen kann es beispielsweise (innerhalb einer bestimmten Frist) nicht möglich sein, aus allen Teilthemen, Themen, komplexen Aufgaben, Forschungsrichtungen usw. etwa für den Bereich eines Ministeriums, der Akademie o. ä. die notwendigen Angaben zusammenzutragen. Aber Gesamtplanungen sind erforderlich. In solchen Fällen kann das Wissen über derartige gesetzmäßige Zusammenhänge zur Fundierung und Sicherung der Planangaben beitragen.

Ansatzpunkte für das Ermitteln solcher und so nutzbarer Zusammenhänge sind beispielsweise in den Bemühungen zur Untersuchung der Wechselbeziehungen zwischen Bedürfnis- und Wissenschaftsentwicklung zu sehen oder in Arbeiten zu dem Verhältnis von wissenschaftlicher Tätigkeit und Potential[30] oder auch in Arbeiten zu den Beziehungen verschiedener Phasen des Forschungs- und Überleitungsprozesses[31]. Da die Forschung jedoch nicht Serien gleichartiger Ergebnisse bzw. Ziele anstrebt, sondern jeweils in neue Bereiche des Erkennens vordringen will und soll, ist es m. E. aber unerläßlich, jeweils im Zusammenhang mit solchen allgemeinen Beziehungen zwischen den genannten Bereichen der Forschungstätigkeit stets die Aufgaben-, Problem- oder Zielspezifik zu berücksichtigen. Diese Zielbezogenheit aller Potentialgestaltung, Methodenentwicklung etc. kann in diesem Rahmen

[30] So spricht G. Kröber davon, daß „. . . das kumulierte Resultat aller früheren wissenschaftlichen Tätigkeiten in die Potentiale aller künftigen wissenschaftlichen Tätigkeiten überführt werden muß. . . . Reproduktion der Wissenschaftspotentiale ist also niemals identische Reproduktion. Man kann die Reproduktion der Wissenschaftspotentiale in diesem Sinne als den elementaren Mechanismus der Wissenschaftsentwicklung auffassen". (G. Kröber: Zum Problem der Gesetzmäßigkeiten und Triebkräfte in der Entwicklung der Wissenschaft, a. a. O., S. 9).

[31] H. Maier hebt z. B. die Bedeutung der Relation von drei Phasen des Überleitungsprozesses hervor: „1. die Zeitspanne zwischen dem Nachweis der technischen Durchführbarkeit und dem Beginn der Entwicklungsarbeiten für die ökonomische Nutzung eines Forschungsergebnisses; 2. die Zeitspanne zwischen dem Beginn der Entwicklungsarbeiten und der ersten ökonomischen Nutzung des Forschungsergebnisses; 3. die Zeitspanne zwischen der ersten ökonomischen Nutzung, der einsetzenden Vervollkommnung und dem wissenschaftlich-technischen Ausreifen sowie der umfassenden Nutzung eines Erzeugnisses, Verfahrens oder Wirkprinzips im Rahmen der Volkswirtschaft." (H. Maier: Probleme der Beschleunigung des wissenschaftlich-technischen Fortschritts im Sozialismus, in: Wirtschaftswissenschaft 4/1973, S. 514).

als ein zu der Forschungsplanung gehörendes, gewissermaßen unerläßliches Prinzip betrachtet werden.

Die Autoren des sonst insgesamt sehr informativen und aufschlußreichen Buches „Zur langfristigen Planung des volkswirtschaftlichen Reproduktionsprozesses" schreiben beispielsweise: „Wenn man die Anzahl der in der Wissenschaft Beschäftigten kennt, ist es nicht schwer, die Grundfonds dieses Bereiches für den Beginn und das Ende des Perspektivzeitraumes darzustellen."[32] Das ist m. E. eine etwas vereinfachte Darstellung,

weil erstens die Aufgabenspezifik bei einem derartigen Vorgehen unbeachtet bleibt,

weil zweitens diese beiden Kennziffern nicht immer in der bisher gültigen Korrelation der Zuwachsraten verbunden sein müssen,

weil drittens hier lediglich über den Umfang der Kennziffern „Anzahl der in der Wissenschaft Beschäftigten" und „Grundfonds" etwas gesagt wird, indes nichts zur Struktur beider, die aber entscheidend ist für den Erkenntnisprozeß.

Das Problem der Ziel- bzw. Problemabhängigkeit oder -bestimmtheit wird auch am Beispiel der oft diskutierten und für eine effektive Wissenschaftsentwicklung sehr wichtigen Relation zwischen grundlegender (*GF*) und angewandter (*AF*) Forschung deutlich sichtbar.

Die Relation *GF*/*AF* hat grundsätzlichen Charakter; hier liegen allgemeine Zusammenhänge derart vor, daß diese Relation bestimmt wird von der Notwendigkeit, wissenschaftlichen Vorlauf zu schaffen und Grundprozesse zu klären, wobei diese Notwendigkeit von den harten Erfordernissen der Volkswirtschaft ebenso bestimmt wird wie von dem kulturellen Bedürfnis und dem humanistischen Anliegen zur Mehrung der Erkenntnis der Welt; aber die Relation *GF*/*AF* kann unter vorrangiger Betonung dieses Anliegens nicht extrem eng gestaltet werden, ohne daß fühlbare Minderungen der gesellschaftlichen Effektivität der Forschung eintreten. Ebenso wie die *GF* einer gewissen Breite der *AF* bedarf – gewissermaßen als Fundament wie als Anwendungsbereich und Sphäre weiterführender Forschung, in Richtung auf die gesellschaftliche Praxis – ebenso ist die genannte Relation verbunden mit der weit umfassenderen, die in Technik, Produktion, Konsumtion etc. hineinreicht; sie ist Bestandteil der Proportionalität im Rahmen der gesellschaftlichen Gesamtarbeit.

Nun ist diese Relation aber nicht überall gleich groß. Auf verschiedenen Ebenen gibt es notwendigerweise verschieden große Relationen.[33] Dabei können auf der Ebene der Forschungsthemen sehr große Unterschiede

32 Autorenkollektiv: Zur langfristen Planung des volkswirtschaftlichen Reproduktionsprozesses, a. a. O., S. 119.

33 Zu ähnlichen Überlegungen gelangt G. Kröber in seiner Arbeit: Praxisreife Lösungen auf breitem theoretischen Fundament, in: Spektrum 7/8/1975, S. 22–25.

beobachtet werden: Es gibt Themen, die nur *GF* beinhalten, Themen, die nur *AF* umfassen, aber auch solche, die *GF/AF* verknüpfen. Bei den komplexen Themen (Aufgaben) nimmt dann der Anteil der Verflechtung von *GF/AF* zu. Die Möglichkeit einer eindeutigen Zuordnung der komplexen Themen zu *GF* oder *AF* wird merklich geringer. Das verstärkt sich noch bei den Forschungsrichtungen (*FR*), den Hauptforschungsrichtungen (*HFR*) und den Programmen; aber hier gibt es zwischen den *FR*, den *HFR* und zwischen den Programmen deutliche Unterschiede hinsichtlich der Größe des Verhältnisses von *AF* und *GF*, und zwar entsprechend der Aufgaben- bzw. Problemspezifik. Verfolgen wir die Stufenleiter weiter nach oben, dann gibt es zwischen der Akademie der Wissenschaften, dem Ministerium für Hoch- und Fachschulwesen (Universitäten und Hochschulen), der Akademie der Landwirtschaftswissenschaften, der Bauakademie und der Forschung bei den verschiedenen Fachministerien ebenfalls aufgabenbedingte Unterschiede. Die einzelnen Länder des RGW zeigen auch noch Verschiedenheiten in dieser Hinsicht, die historisch bedingt sind und dem jeweiligen Forschungsprofil entsprechen; aber die Unterschiede sind doch wesentlich geringer. Und im RGW insgesamt dürfte sich dieses Verhältnis – über mehrere Jahre betrachtet – eigentlich relativ konstant halten bzw. geringeren Veränderungen unterliegen, während sich im Entwicklungsprozeß einzelner Forschungsvorhaben solche Veränderungen durchaus deutlich beobachten lassen.

Damit kann die These aufgestellt werden, daß die Schwankungsgrößen, die Unterschiede auf der untersten Ebene sehr groß sind, sich nach oben aber immer weiter verringern. Die durch die Gesellschaftsentwicklung bedingte Relation *GF/AF* hat also notwendigerweise verschiedene Ausprägungsarten bzw. -grade. Das ist ein Ausdruck für das spezifische Zusammenwirken von Gesellschaftsgesetzen, Wissenschaftsgesetzen und Gesetzen im Bereich des jeweiligen Forschungsgegenstandes, von gesellschaftlicher und Objektdetermination der Forschung. Deren Systemwirken ist nicht einförmig, sondern erstens jeweils aufgaben-/problemspezifisch und zweitens dynamisch entsprechend dem Vollzug der betreffenden gesellschaftlichen Entwicklungsprozesse.

Dieses Beispiel zeigt auch, daß es für die Nutzbarmachung von Gesetzmäßigkeiten im Planungsprozeß offenbar keine generellen, allgemeingültigen, etwa rezeptartigen Lösungen oder Lösungsvorschriften geben kann. Die beste Unterstützung für den Planer dürfte hier gegenwärtig eine möglichst weitgehende Problemübersicht auf einer solchen allgemeinen Stufe sein, daß sie in mehreren Fällen nützlich und anwendungsfähig (anwendungsorientierend) ist.

2.6. Zur Beeinflußbarkeit der Gesetzeswirkungen und zur Berücksichtigungsmöglichkeit der Unbestimmtheiten

Will man Gesetzeswissen über die Wissenschaftsentwicklung bei Prognostizierung und Planung der Forschung bewußt nutzen und die Unbestimmtheiten mehr berücksichtigen, dann sind auch Überlegungen zu Fragen der Beeinflußbarkeit der Gesetzeswirkungen und der Berücksichtigungsmöglichkeiten für die Unbestimmtheiten erforderlich. Dabei ist der nachfolgend schematisch dargestellte Zusammenhang bedeutsam.[34]

Abb. 3: Zusammenhang zwischen objektivem Gesetz und Ableitung von Handlungsmöglichkeiten

Ausnutzung von Gesetzen der Wissenschaftsentwicklung bedeutet demnach Kenntnis der Gesetze, der Wirkungsbedingungen und der Einwirkungsmöglichkeiten und deren Anwendung in der gesellschaftlichen Praxis, um gewollte Entwicklungen zu fördern, unerwünschte abzuwenden.

Gesetzmäßigkeiten der Wissenschaftsentwicklung sind – wie erwähnt – Gesetzmäßigkeiten gesellschaftlicher Prozesse. Sie setzen sich vermittels der gesellschaftlichen Tätigkeit durch. Zu den wichtigen Wirkungsbedingungen gehört der in der Wissenschaft tätige oder der die Wissenschaft beeinflussende aktiv handelnde Mensch. Die Ausnutzung der Gesetze kann dadurch erfolgen, daß ihre Wirkungsbedingungen gefördert oder gehemmt werden. Dabei ist es notwendig, zwischen *beeinflußbaren und nicht beeinflußbaren Wirkungsbedingungen der Gesetze* (Anfangs- und Entwicklungs-

[34] Ähnliche Beziehungen bestehen hinsichtlich der Berücksichtigung der Unbestimmtheiten. Darüber hinaus muß dabei dann auch der Zusammenhang von Gesetzen und Unbestimmtheiten der Forschung beachtet werden. Vgl. dazu besonders Kapitel 3.

bedingungen) zu unterscheiden. Im Planungsprozeß muß dabei – unter Berücksichtigung des jeweiligen Planungsobjektes und -zeitpunktes – die Gesamtheit der notwendigen und verfügbaren Gesetzeserkenntnisse, Wirkungsbedingungen und deren Beziehungen gesehen werden. Die Beeinflußbarkeit der Wirkungsbedingungen durch menschliches Handeln sollte dabei aus der Sicht der jeweiligen Leitungs- bzw. Planungsaufgabe, des jeweiligen Verantwortungs-, Handlungsmöglichkeitsbereiches etc. zu einem gegebenen Zeitpunkt, d. h. zum Zeitpunkt der Prognostizierung und Planung, betrachtet werden. Die unbeeinflußbaren Bedingungen gehen in entsprechender Weise in den Plan ein, sie werden berücksichtigt bzw. können berücksichtigt werden; die beeinflußbaren erfordern geeignete Aufforderungen im Plan zu ihrer Gestaltung in dem gewünschten, der Entwicklung des Sozialismus gemäßen Sinne. Diese Beeinflußbarkeit der Wirkungsbedingungen wird daher hier aus der Sicht der Forschungsplanung bzw. der Forschungsleitung beurteilt unter Beachtung der jeweiligen Aufgabenspezifik. Gegenüber generellen Feststellungen über die Beeinflußbarkeit der Bedingungen bedeutet das eine Einschränkung. Das ist aber m. E. notwendig, da die Planaufstellung real sein muß, das heißt die *konkreten* jeweils herrschenden Bedingungen zu beachten hat, wenn die Gefahr von Wunschdenken vermieden werden soll. Das bedeutet anderseits nicht aufgabenspezifische Engstirnigkeit, sondern Beurteilungen aus der Sicht der Einordnung des eigenen Leitungs- und Planungsbereiches in die Möglichkeiten und Notwendigkeiten der sozialistischen gesellschaftlichen Entwicklung.

Eine Reihe der für die Planung wichtigen Bedingungen der Forschungstätigkeit (z. B. generelle Zielsetzungen, methodisches Wissen und Rüstzeug, gebäudemäßige Ausstattung, Kooperationsbeziehungen, Arbeitsprofil der Institutionen, Forschungsapparaturen u. ä.), die wenigstens teilweise auch als Wirkungsbedingungen für Gesetze der Wissenschaftsentwicklung fungieren, wurden durch den Menschen geschaffen, sind demzufolge prinzipiell auch durch menschliches Handeln wandelbar. Es kommt aber auch darauf an, diese Beeinflußbarkeit aus der Sicht des Zeitbezuges zu betrachten, ob sich also die Bedingungen in angemessener Zeit (relativ zum Forschungsproblem oder -ziel) ändern lassen.

Beispielweise ist vom Standpunkt der gesellschaftlichen Wirkung der Wissenschaft „das Verhältnis zwischen dem Forschungsaufwand und den Ausgaben für die Realisierung der Forschungsergebnisse . . . eine der wesentlichen Begrenzungen für das Ausmaß der Entwicklung der Wissenschaft“[35]. Um diese Relation günstig zu gestalten, sind entsprechende verändernde oder beeinflussende Maßnahmen möglich, aber nicht in beliebiger Weise oder willkürlich, sondern in Abhängigkeit von den vorhandenen Potentialen

[35] L. Glaser: Einige Probleme der Wissenschaftsökonomie, in: Wirtschaftswissenschaft 4/1972, S. 530f.

und ihrer Entwicklungs- oder Profilierungseignung in einem bestimmten Zeitraum. Die Neuschaffung leistungsfähigen Grundlagenforschungspotentials erfordert weitreichende Maßnahmen und langwierige Qualifizierungsprozesse. Die Realisierung der Forschungsresultate ist oft mit langfristigen Investitionen verbunden. Auch die Zielstellungen bzw. Arbeitsrichtungen von Forschungseinrichtungen lassen sich nicht uneingeschränkt ändern. Das Forschungspotential ist ja nur ein solches relativ zu einem gewissen Problem- oder Zielbereich. Weitreichende und damit gut vorbereitete Entscheidungen sind also notwendig.

Schon durch generelle planmethodische Regelungen oder Gepflogenheiten können dabei Wirkungsbedingungen für Gesetze der Wissenschaftsentwicklung beeinflußt bzw. gestaltet werden. So vollziehen sich in der Entwicklung der Wissenschaft objektiv drei miteinander verknüpfte Prozesse: die Entwicklung von Forschungsvorhaben, die Entwicklung von Disziplinen und die Entwicklung der Forschungsinstitutionen und ihres Aufbaus.

Forschungsplanung wird aber im wesentlichen vorhabenorientiert und institutionell betrieben. Dafür sind entsprechende Planungsaktivitäten und Planteile vorgesehen. Der disziplinären Entwicklung und Vertiefung wird im Rahmen der betreffenden Vorhabenplanung oder im Gesamtaufgabenfeld der Institutspläne Aufmerksamkeit geschenkt. Damit sind Forschungsvorhaben und Institutsentwicklung durch die Planmethodik, durch den Planaufbau in gewisser Weise in den Vordergrund der Planungsarbeit gerückt. Das setzt gleichzeitig bestimmte Prämissen für die Bedingungen der Entwicklung der Forschung und damit auch der Disziplinen. Diese Bemerkungen sollen nicht bezwecken, daß – entsprechend der gegenseitigen Abhängigkeit von Vorhaben-, Institutions- und Disziplinentwicklung – nun auch eine disziplinäre Forschungsplanung angestrebt werden müßte. Die angedeutete Verfahrensweise kann den Disziplinen durchaus gerecht werden. Es sollte hier vielmehr nur gezeigt werden, daß bereits planmethodische Arbeiten und Festlegungen auf bestimmte Richtungen in der gewollten Ausnutzung von Wissenschaftsgesetzen oder -regelmäßigkeiten orientieren und die entsprechenden Wirkungsbedingungen beeinflussen können. Diese Seiten der weitreichenden Konsequenzen müssen daher bei planmethodischen Entwicklungen gezielt untersucht und mit berücksichtigt werden.

Die Unbestimmtheiten der Forschung und ihrer Prognostizierung sowie Planung hängen eng mit der Unvollkommenheit des Wissens über Gesetzmäßigkeiten und Erscheinungen in Gesellschaft, Natur und Denken zusammen. Ihre Quellen liegen darin begründet, daß unser Wissen über den jeweils zu erforschenden oder den zu planenden Gegenstand unvollkommen ist, daß der Mensch bei der Ausnutzung gesellschaftlicher Gesetze sowohl Gesetzeserkenntnisse wie Wissen über die realen Handlungsmöglichkeiten und über die subjektiven Handlungsfähigkeiten verbinden und dabei entscheiden muß und nicht eindeutig determiniert ableiten kann und daß schließlich die Forschung (per definitionem) in neue, bisher nicht bekannte Wissensbereiche vorstoßen soll.[36]

Bei den Unbestimmtheiten der Forschung sowie denen von Prognostizierung und Planung der Forschung kommt es vor allem darauf an, Bereiche, Art und Auswirkungen ihres Auftretens zu erkennen. Aus der Sicht des jeweiligen Forschungs-, Prognostizierungs- und Planungsobjektes sowie des Leitungsbereiches lassen sich (ähnlich wie bei den beeinflußbaren und nicht beeinflußbaren Gesetzesbedingungen) die zu einem gegebenen Zeitpunkt oder in einem bestimmten Zeitraum voraussichtlich *reduzierbaren und die nicht reduzierbaren Unbestimmtheiten* unterscheiden. Für die reduzierbaren sind entsprechende Möglichkeiten in Prognosen zu zeigen und adäquate Aufforderungen in Pläne aufzunehmen, z. B. für die Vermehrung des Wissens über den betreffenden Forschungsgegenstand, für die Entwicklung von Forschungsmethoden. Die nicht reduzierbaren können in den Plänen lediglich berücksichtigt werden (durch Reserven, Spannen etc.).

Die Prognose- und Planungsmethodiken müssen diesen aus der Spezifik der Forschung herrührenden Möglichkeiten der Nutzung und Berücksichtigung des Gesetzeswissens und der Unbestimmtheiten entsprechen. Es ist gewissermaßen ein „aktives Verhalten zu den Unbestimmtheiten" anzustreben.

Die Relationen

$$\frac{\text{Zielsetzung zum Zeitpunkt der Planung}}{\text{Möglichkeiten der Zielformulierung (Zielpräzisierung) nach vollzogenem Forschungsprozeß}}$$

oder

$$\frac{\text{Methodik-Festlegung im Plan}}{\text{Methodik-Wissen nach vollzogener Forschung}}$$

könnten daher als Maß für die Richtigkeit der Zielsetzung der Methodik, des Handelns – gewissermaßen trotz bestehender Unbestimmtheiten – angesehen werden. Sie lassen sich aber zur Zeit nur qualitativ einschätzen.

2.7. Einige Entwicklungstendenzen der Prognose- und Planungsarbeiten

Gesetzmäßigkeiten der Wissenschaftsentwicklung bei der Prognostizierung und Planung der Forschung zu nutzen, das bedeutet auch, die Entwicklungstendenzen der Prognose- und Planungsarbeit selbst zu erfassen bzw. Vorstellungen darüber zu berücksichtigen. Die Weiterentwicklung des gesamten

[36] Vgl. Kapitel 3.

Planungsprozesses und -systems wird beeinflußt durch die Entwicklung der gesellschaftlichen Erfordernisse, Möglichkeiten, Bedingungen und Umstände, der Planungsobjekte, der Planungssubjekte, der Planungsinstrumente; das bedeutet: durch das Zusammenwirken aller Elemente, die die Planungssituation kennzeichnen. Eine möglichst komplexe Betrachtungsweise dürfte daher notwendig sein.

Geht man von den bisher erkannten Gesetz- und Regelmäßigkeiten der Wissenschaftsentwicklung aus[37], dann lassen sich u. a. nachstehende Tendenzen für die Entwicklung der Prognostizierung und Planung im Bereich der Grundlagenforschung angeben. Mit ihnen sind gleichzeitig zum Teil neue Planungsprobleme verbunden, d. h. auch Aufgaben für die Planungsforschung.[38] Dazu gehören:

- Weitere, vertiefte Integration der Forschungsplanung in die Planung gesellschaftlicher Reproduktionsprozesse (differenziert nach verschiedenen Aufgaben und Bereichen), verbunden mit besserer Erfassung der wechselseitigen Beziehungen von Bedürfnis- und Forschungsentwicklung, mit vollkommeneren Möglichkeiten der Zielsuche und -findung, mit der weiteren Erhöhung der komplexen Planung und mit der Erkenntnisvertiefung in Richtung auf fundamentale Prozesse und Erscheinungen; stärkere und bessere Berücksichtigung der Effektivität des wissenschaftlich-technischen Fortschritts in der Planung der Forschung;
- Entwicklung der gemeinsamen internationalen Planung im RGW mit einer entsprechenden Angleichung der nationalen Planungsprinzipien, -systeme und -verfahren und Synchronisierung der Planungsabläufe zur Gewährleistung entsprechender Abstimmungen;
- Erhöhung der Rolle und Bedeutung der langfristigen Planung[39];
- Vervollkommung der Verknüpfungen von Vorhaben-(Programm-), Territorial- und Institutionsplanung und stärkere Berücksichtigung der disziplinären Vertiefung in der Planung[40];

[37] Vgl. dazu Kapitel 3 sowie H. Fetzer: Zum Erkenntnisstand von Gesetzmäßigkeiten der Wissenschaftsentwicklung im Sozialismus, Studien und Forschungsberichte des Instituts für Wissenschaftstheorie und -organisation der AdW der DDR 6/1975.

[38] Vgl. besonders die Anforderungen an die Planung gesellschaftlicher Entwicklungsprozesse, insbesondere an die Volkswirtschaftsplanung, und die sich daraus ergebenden zu lösenden Probleme, in: Programm der Sozialistischen Einheitspartei Deutschlands, a. a. O., S. 34ff.; Direktive des IX. Parteitages der SED zum Fünfjahrplan für die Entwicklung der Volkswirtschaft der DDR in den Jahren 1976–1980, a. a. O., S. 165ff.; Ökonomische Gesetze in der entwickelten sozialistischen Gesellschaft, Berlin 1975, S. 445–455.

[39] Vgl. Autorenkollektiv: Langfristige Planung und Prognose, Berlin 1973, S. 14.

[40] Dabei handelt es sich nicht nur um bestimmte Richtungen in der Planung,

– größere Flexibilität der Planung, Vervollkommnung der Präzisierungsmöglichkeiten und der Wege zum Erkennen und Reduzieren bzw. Berücksichtigen der Unbestimmtheiten; Einbeziehung der Aufgabenspezifik der Forschung(svorhaben) durch Planung und Plan; Entwicklung der Planungsmethodik auch als Anregung bzw. Aufforderung zum Selbstbestimmen und -entwickeln planmethodischer Vorgehensweisen (gewissermaßen als Konstruktionsvorschrift) im Rahmen festgelegter Prinzipien und Toleranzen sowie neben (und integriert mit) vorgebenen (obligatorischen) Arbeitsabschnitten, Schrittfolgen, Angaben etc.;
– Intensivierung der Prognose- und Planungsarbeiten selbst, darunter durch genaueres Erfassen der Abhängigkeiten und Übergänge zwischen Problem, Ziel, Methodik, Potential und Überleitung sowie durch Weiterentwicklung der Instrumentarien für Prognostizierung und Planung bis zur Erschließung der EDV-Anwendung[41];
– Erhöhung der Planwirksamkeit und ihre Nutzung als Ausgangspunkt und Kriterium für die Gestaltung der Planungsarbeit und die Beurteilung der Zweckmäßigkeit und Notwendigkeit verschiedener Planungspraktiken und Planangaben; insbesondere Verstärkung der die Erkenntnisgewinnung fördernden Wirkung von Prognostizierung und Planung der Forschung; Gestaltung der im Planungsprozeß zu vollziehenden Teiltätigkeiten (Entscheiden, Prognostizieren, Abstimmen, Ableiten usw.) und ihrer Verflechtungen aus der Sicht der zu erreichenden Planqualität.

Wenn hier versucht wird, einige nach unserer Meinung weiterführende Tendenzen und Probleme der Prognostizierung und Planung der Forschung „im Telegrammstil" anzudeuten, dann bezweckt das nicht ein Ändern vorhandener bewährter Verfahrensweisen um des Änderns willen; uns geht es vielmehr darum, zu untersuchen, inwieweit neue Erkenntnisse und Formen

sondern um objektiv existierende Sphären bzw. Aspekte der Entwicklung der Forschung, die gesetzmäßig miteinander verbunden sind (Abhängigkeit, Beeinflussung) und immer stärkere Beachtung im Planungsprozeß verlangen. Es ist jedoch nicht für alle diese Bereiche das Herausbilden gewisser besonderer Planungsaktivitäten oder Planteile zu erwarten. Die territoriale Abstimmung und die disziplinäre Vertiefung der Forschung werden sich wahrscheinlich auf der Grundlage vollkommenerer Vorhaben- und Institutionsplanung vollziehen.

41 Dazu gehören beispielsweise auch vervollkommnete Nomenklaturen, die in der Leitung und Planung der Forschung wirksam als Mittel zur Förderung der Erkenntnisgewinnung eingesetzt werden können; oder auch solche Regeln und Hinweise für die Planung, wie sie etwa der sowjetische Wissenschaftler G. S. Altschuller in seinen 35 Prinzipien zur Lösung technischer Widersprüche gegeben hat. (G. S. Altschuller: Erfinden – (k)ein Problem? Eine Anleitung für Neuerer und Erfinder, Berlin 1973, S. 133ff.)

den sich erhöhenden gesellschaftlichen Anforderungen entsprechen und zu einer Intensivierung und Effektivierung der Forschung mit Hilfe ihrer Prognostizierung und Planung führen.

2.8. Zusammenfassung

In den letzten Jahren wurden zur Lösung der Grundaufgabe, den wissenschaftlich-technischen Fortschritt wirksamer mit den Vorzügen der sozialistischen Produktionsweise zu verbinden, auch zur Verbesserung der Planung der Forschung eine Reihe von Bemühungen unternommen. Mit dem Ziel, zur theoretischen Fundierung der Forschungsplanung beizutragen, werden mit dem vorliegenden Material die Möglichkeiten zur Nutzung von Gesetzeswissen in der Forschungsplanung untersucht und bisherige Resultate – vor allem in Form einer vertieften Problemübersicht – dargelegt. Dadurch sollen Anregungen für die Planungsarbeit gegeben, soll zum Meinungsstreit auf diesem Gebiet beigetragen und sollen auch Ausgangspunkte und Bezüge für weitere Arbeiten dargelegt werden.

1. Die Nutzbarmachung von Gesetzmäßigkeiten der Wissenschaftsentwicklung ist eine notwendige Entwicklung in der Forschungsplanung gemeinsam mit der Auswertung von Erfahrungen, Prinzipien usw. anderer Gesellschaftsbereiche und der Anwendung von Ergebnissen spezifischer Methodenentwicklungen. Der Weg über das Nutzbarmachen von Gesetzeserkenntnissen vermag die anderen Richtungen der Planungsentwicklung u. E. zu fundieren und zusammenzuführen.

2. Um Gesetzmäßigkeiten der Wissenschaftsentwicklung in der Forschungsplanung erfolgreich zu nutzen, ist es notwendig, weitere Zusammenhänge zu beachten. Dazu gehören vor allem folgende: Die Kenntnisse über Gesetzmäßigkeiten der Wissenschaftsentwicklung stellen nur einen Teil des bei der Planung der Forschung zu nutzenden Wissens dar. Diese Gesetze wirken im Rahmen der übergreifenden Gesetze der Gesellschaftsentwicklung und zusammenhängend mit den Gesetzen, die das jeweilige Forschungsobjekt bestimmen. Bei der Planung wird ferner nicht nur Gesetzeswissen, sondern auch Wissen anderer Natur erforderlich. Der Zusammenhang von Gesetzmäßigkeiten und Unbestimmtheiten stellt einen Zugang zur Berücksichtigung der Spezifik der Forschung bei der Planung dar. Aus der Sicht der Planung erweisen sich die Kenntnisse über die Gesetze der Wissenschaftsentwicklung als lückenhaft, und es wird deutlich, daß die wissenschaftstheoretische Forschung hier Schwerpunkte ihrer weiteren Arbeit zu sehen hat. Die Änderung der Wirkungsbedingungen der Gesetze im Prozeß der gesellschaftlichen Entwicklung muß schließlich im Planungsprozeß immer wieder analysiert werden.

3. Wissen über Gesetzmäßigkeiten der Wissenschaftsentwicklung und über die Unbestimmtheiten der Forschung kann vor allem auf zwei Wegen im Prozeß der Forschungsplanung nutzbar gemacht werden: einmal als Grundwissen der Forscher und Planer, die Pläne ausarbeiten und sich dabei planmethodischer Prinzipien bedienen, sowie als aus Gesetzeskenntnissen abgeleitete Kennziffer, Beziehung, Modellvorstellung oder auch Faustregel, die sich auf bestimmte Planangaben (und damit Potentialelemente) beziehen.

4. Die Komplexität des Wirkens und der Nutzbarmachung von Gesetzen der Wissenschaftsentwicklung im Prozeß der Forschungsplanung konnte durch eine Beschreibung der Planungssituation, verschiedener Teiltätigkeiten der Planungsarbeit und verschiedener Abschnitte der Forschungstätigkeit gezeigt werden. Dabei wurde auch deutlich, daß in den einzelnen Elementen der Planungssituation, bei den verschiedenen Planungsaktivitäten (wie Prognostizieren, Planausarbeiten, Entscheiden usw.), in den zu planenden Abschnitten der Forschungstätigkeit (Problem- und Zielbestimmung, Festlegung der Forschungsmethodik, des Potentials und der Wege zur gesellschaftlichen Nutzung der Resultate) sowie in verschiedenen Leitungsebenen unterschiedliche Aspekte der Gesetzeswirkung und der Nutzungsmöglichkeiten auftreten. Es erscheint zweckmäßig, zwischen beeinflußbaren und nicht beeinflußbaren Wirkungsbedingungen der Gesetze zu unterscheiden. Der Grad bzw. die Möglichkeit der Beeinflußbarkeit muß relativ zu Planungsobjekt und -zeitpunkt, zu Verantwortungsbereich (-ebene) und jeweils historisch konkreten Bedingungen betrachtet werden. Analog lassen sich reduzierbare und nichtreduzierbare Unbestimmtheiten der Forschung unterscheiden.

5. Ausgehend von dem bisherigen Erkenntnisstand wurden Entwicklungstendenzen der Prognostizierung und Planungsarbeit selbst herausgestellt, und zwar besonders zur gesellschaftlichen Integration der Planung der Grundlagenforschung (national und international), zur steigenden Bedeutung der langfristigen Planung, zur erhöhten Komplexität, Flexibilität und Wirksamkeit der Pläne.

3. Gesetzmäßigkeiten der Wissenschaftsentwicklung und Unbestimmtheiten der Forschung aus der Sicht der Forschungsplanung

3.1. Zur Nutzung von Erkenntnissen über die gesetzmäßige Entwicklung der Wissenschaft in der Forschungsplanung

Wesentlicher theoretischer Ausgangspunkt wissenschaftlich fundierter Prognostizierung und Planung ist die Kenntnis der Gesetze des zu prognostizierenden und zu planenden Objektes, in unserem Falle der Wissenschaft. Die Erkenntnis der Gesetze, die die Wissenschaft in ihrer Struktur, Funktion und Entwicklung bestimmen, hat noch keine hohe theoretische Reife erreicht, und zwar aus mindestens zwei Gründen: Zum einen ist die Wissenschaft erst seit wenigen Jahrzehnten Gegenstand systematischer Forschungen, zum anderen erweist sich die Wissenschaft als sehr komplexer und komplizierter Forschungsgegenstand. Daraus ergibt sich eine schwierige Aufgabenstellung für die Leitung und Planung der Wissenschaft. Auf der einen Seite wächst die Bedeutung der Wissenschaft und damit die Notwendigkeit ihrer Planung im Sozialismus ständig, auf der anderen Seite sind die gesetzmäßigen Zusammenhänge der Wissenschaftsentwicklung erst ungenügend bekannt. Die Einsicht in diesen Widerspruch macht es gleichzeitig erforderlich, den bisher erreichten Entwicklungsstand der Erkenntnis der Gesetzmäßigkeiten der Wissenschaftsentwicklung zu analysieren, um Ansatzpunkte für die Qualifizierung der sozialistischen Forschungsplanung zu erhalten. Welche Erkenntnisse liegen in bezug auf die gesetzmäßige Entwicklung der Wissenschaft vor?

Erstens wurde der Nachweis erbracht, daß die *Wissenschaftsentwicklung ein dialektischer Prozeß* ist, in dem die dialektischen Grundgesetze in spezifischer Weise wirken. Es wurden große Fortschritte bei der Aufdeckung der Erscheinungsformen der dialektischen Grundgesetze in der Wissenschaftsentwicklung gemacht. Dazu trugen vor allem die sowjetischen Wissenschaftshistoriker und -theoretiker bei. Sie gehen von der Einschätzung Lenins aus, daß der Kern der Dialektik die Lehre von der Einheit und dem Kampf der Gegensätze ist. In vielen Arbeiten werden die konkreten Erscheinungsformen des Gesetzes der Einheit und des Kampfes der Gegensätze in der Wissenschaftsentwicklung untersucht.[1] Gleichzeitg wird eine prinzipielle

[1] Vgl. z. B. M. M. Karpov: Osnovnye zakonomernosti razvitija estestvoznanija,

Auseinandersetzung mit allen Versuchen bürgerlicher Theoretiker geführt, die dialektische Widersprüchlichkeit der Wissenschaftsentwicklung, vor allem die dialektische Einheit von Wissenschaft und Praxis, zu leugnen. Der metaphysischen Verabsolutierung einzelner Seiten der Wissenschaftsentwicklung entgegentretend, weisen die sowjetischen Wissenschaftstheoretiker das Wirken des dialektischen Gesetzes des Umschlagens quantitativer in qualitative Veränderungen in der Wissenschaftsentwicklung nach. I. D. Andreev schreibt dazu: „Die Geschichte der Wissenschaftsentwicklung zeugt davon, daß jede wissenschaftliche Entdeckung, jeder mehr oder weniger große Schritt in der Wissenschaftsentwicklung nichts anderes ist als ein Sprung, der durch den gesamten vorhergehenden Verlauf der Wissenschaftsentwicklung auf dem gegebenen Gebiet vorbereitet ist, daß es ein Übergang allmählicher, unmerklicher, quantitativer Veränderungen in grundlegende qualitative ist."[2]

Mit besonderer Aufmerksamkeit werden wissenschaftliche Revolutionen untersucht.[3] Gegenwärtig tritt auf der Grundlage des dialektisch-materialistischen Verständnisses des Wesens wissenschaftlicher Revolutionen die Erforschung der Wissenschaftsentwicklung im Rahmen der wissenschaftlich-technischen Revolution immer mehr in den Vordergrund. Ausgangspunkt ist folgende Einschätzung: „Revolutionen in Wissenschaft und Technik vollzogen sich wiederholt ... Für diese grandiosen historischen Erscheinungen ist charakteristisch, daß die Umwälzungen in Wissenschaft und Technik noch nicht in einem einheitlichen Prozeß verschmolzen, sondern nur zeitlich miteinander übereinstimmten und sich gegenseitig stimulierten ... Die wesentliche Besonderheit der Revolution in Naturwissenschaft und Technik unserer Tage besteht darin, daß diese beiden Umwälzungen verschmelzen und nur verschiedene Seiten ein und desselben einheitlichen Prozesses, der wissenschaftlich-technischen Revolution, bilden."[4]

Bei der Aufdeckung des dialektischen Charakters der Wissenschaftsentwicklung wird von seiten der Sowjetwissenschaft dem Wirken des Gesetzes der Negation der Negation zunehmende Beachtung geschenkt.[5]

Rostov n/D 1963; Protivorečija v razvitii estestvoznanija, Moskau 1965; Sintez sovremennogo naučnogo znanija, Moskau 1973; Dialektik in der modernen Naturwissenschaft, Materialien der II. Allunionskonferenz zu philosophischen Fragen der Naturwissenschaft, bearbeitet und herausgegeben von S. Wollgast und K.-F. Teinz, Berlin 1973.

2 I. D. Andreev: Nauka i obščestvennyj progress, Moskau 1972, S. 82.

3 Vgl. z. B. B. M. Kedrov: W. I. Lenin und die dialektische Entwicklung der Naturwissenschaft, in: Dialektik in der modernen Naturwissenschaft, a. a. O.; N. I. Rodnyj: Nekotorye voprosy naučnoj revoljucii, in: Problemy istorii i metodologii naučnogo poznanija, Moskau 1974.

4 Naučno-techničeskaja revoljucija i socializm, Moskau 1973, S. 24f.

5 Vgl. z. B. G. N. Wolkow: Der Wandel in der sozialen Orientierung der Wissenschaft, in: Sowjetwissenschaft, Gesellschaftswissenschaftliche Beiträge 7/1969,

Der Nachweis des dialektischen Charakters der Wissenschaftsentwicklung liefert wesentliche Voraussetzungen für die Qualifizierung der Wissenschaftsplanung. Die sich gegenwärtig vollziehenden Wissenschaftsprozesse und die sich abzeichnenden Tendenzen der zukünftigen Wissenschaftsentwicklung sind nur verständlich, wenn die Wissenschaftsentwicklung als dialektischer Prozeß verstanden wird. Auffassungen, die undialektisch nur die quantitative Seite der Wissenschaftsentwicklung sehen, kommen aus der Betrachtung bisheriger Entwicklungstendenzen zu absurden Konsequenzen für die Zukunft. Eine derartige Betrachtungsweise führt beispielsweise zu solchen unsinnigen Vorstellungen, daß im Falle der Beibehaltung des gegenwärtigen Entwicklungstempos in naher Zukunft die Zahl der Wissenschaftler größer sein würde als die gesamte Erdbevölkerung, daß man für eine solche Wissenschaft mehr Mittel aufwenden müsse, als die Menschheit zu jener Zeit besitze usw. Tatsache ist jedoch, daß sich gegenwärtig ein grundlegender Umschwung, ein qualitativer Sprung im Bereich der wissenschaftlichen Tätigkeiten und der Reproduktion ihrer Potentiale anbahnt, der Bestandteil des Übergangs des gesellschaftlichen Reproduktionsprozesses von der vorwiegend extensiven zu einer immer mehr intensiven Entwicklungsphase ist.[6] Die Konsequenzen für die Leitung und Planung der Wissenschaft sind im einzelnen noch nicht völlig abzusehen. Hier deutet sich ein wichtiges wissenschaftstheoretisches Forschungsgebiet an. Es zeichnet sich aber bereits heute ab, daß Probleme wie Ausweitung und Vertiefung der Funktionen der Wissenschaft in der sozialistischen Gesellschaft, Erhöhung der schöpferischen Produktivität der wissenschaftlichen Tätigkeit, effektive Gestaltung der Forschungspotentiale und rationelle Organisation der wissenschaftlichen Arbeitsprozesse steigendes Gewicht in der gesellschaftlichen Leitung und Planung der Wissenschaft erhalten und sie immer mehr bestimmen.

Zweitens wurde der Nachweis erbracht, daß die *Wissenschaftsentwicklung ein gesellschaftlicher Prozeß* ist und die Gesetze der Wissenschaftsentwicklung gesellschaftliche Gesetze sind. Theoretischer Ausgangspunkt ist das marxistisch-leninistische Wissenschaftsverständnis, dessen Grundstein Marx mit der Kennzeichnung der wissenschaftlichen Arbeit als allgemeine Arbeit

S. 709–720; B. M. Kedrov: Dialektičeskij put' teoretičeskogo sinteza sovremennogo estestvennonaučnogo znanija (O tipologii sintetičeskich processov v nauke), in: Sintez sovremennogo naučnogo znanija, Moskau 1973.

[6] Vgl. dazu: Naučnaja dejatel'nost' i problemy ee intensifikacii, in: Problemy dejatel'nosti učenogo i naučnych kollektivov, vyp. V, Leningrad 1973; G. Kröber: Zum Problem der Gesetzmäßigkeiten und Triebkräfte in der Entwicklung der Wissenschaft, in: Wissenschaft und Gesellschaft. Studien und Forschungsberichte des Instituts für Wissenschaftstheorie und -organisation der AdW der DDR 4/1974.

legte.[7] Auf dieser Grundlage kommen G. Kröber und H. Laitko zu folgender Bestimmung des Wissenschaftsbegriffes: „Wissenschaft ist ein im Gesamtzusammenhang der jeweiligen Gesellschaftsformation bestimmtes System gesellschaftlicher Tätigkeiten, die auf die Gewinnung, Vermittlung, Reproduktion und Anwendung von Erkenntnissen gerichtet sind.“[8] Das Begreifen der Wissenschaft als gesellschaftliche Erscheinung und ihrer Entwicklung als eines gesellschaftlichen Prozesses führt zu der Konsequenz, die Frage nach den Entwicklungsgesetzen der Wissenschaft nur im Zusammenhang mit der Frage nach den gesellschaftlichen Entwicklungsgesetzen überhaupt zu stellen und zu lösen. Die marxistisch-leninistische Wissenschaftstheorie geht davon aus, daß die grundlegenden Gesetze der Wissenschaftsentwicklung Gesetze von Zusammenhängen zwischen der Wissenschaft und den anderen Bereichen der Gesellschaft, insbesondere der Produktion materieller Güter als ihrem fundamentalen Bereich, sind.

Ein derartiger gesetzmäßiger Prozeß ist die Umwandlung der Wissenschaft in eine unmittelbare Produktivkraft. Marx, der diesen Prozeß entdeckte, schrieb: „Die Entwicklung des capital fixe zeigt an, bis zu welchem Grade das allgemeine gesellschaftliche Wissen ... zur *unmittelbaren Produktivkraft* geworden ist, und daher die Bedingungen des gesellschaftlichen Lebensprozesses selbst unter die Kontrolle des general intellect gekommen, und ihm gemäß umgeschaffen sind. Bis zu welchem Grade die gesellschaftlichen Produktivkräfte produziert sind, nicht nur in der Form des Wissens, sondern als unmittelbare Organe der gesellschaftlichen Praxis; des realen Lebensprozesses.“[9] Die Umwandlung der Wissenschaft in eine unmittelbare Produktivkraft ist eine Erscheinungsform des Zusammenhangs von Wissenschaft und gesellschaftlicher Praxis, dem der Rang des grundlegenden, konstituierenden Zusammenhangs der Wissenschaftsentwicklung zukommt. Die Wissenschaft ist kein autonomer Bereich, dessen Entwicklung sich unabhängig von der gesellschaftlichen Praxis vollzieht. Sie entwickelt sich auf der Grundlage und in Abhängigkeit von der Produktionsweise des materiellen Lebens und wirkt auf diese zurück.

Bei der Analyse des Zusammenhangs von Wissenschaft und gesellschaftlicher Praxis deckte die marxistisch-leninistische Wissenschaftstheorie zwei wesentliche Determinationszusammenhänge auf: die sozialökonomische Determination der Wissenschaft und die Determination durch ihr Erkenntnisobjekt, auf der die sogenannte Eigengesetzlichkeit der Wissenschaft beruht.[10]

[7] Vgl. K. Marx: Das Kapital, Dritter Band, in: MEW, Bd. 25, Berlin 1964, S. 113f.
[8] G. Kröber und H. Laitko: Sozialismus und Wissenschaft, Berlin 1972, S. 61.
[9] K. Marx: Grundrisse der Kritik der politischen Ökonomie, Berlin 1953, S. 594.
[10] Vgl. H. Laitko: Zur Wissenschaftsauffassung der marxistisch-leninistischen Wissenschaftstheorie, in: Wissenschaftliche Zeitschrift der Humboldt-Uni-

Die Wissenschaft entwickelt sich in der gegenseitigen Durchdringung der beiden grundlegenden Determinationszusammenhänge. Die Geschichte der Wissenschaft zeigt, daß die gesellschaftliche Praxis nicht von sich aus einen Erkenntnisfortschritt herbeiführen kann, für den noch nicht die notwendigen Erkenntnisvoraussetzungen herangereift sind. Andererseits bedarf die Wissenschaftsentwicklung der grundlegenden und vielfältigen stimulierenden Einwirkung der Praxis (als Grundlage, Triebkraft, Ziel und letztes Kriterium der Wahrheit).[11]

Die Erfassung der Einheit von innerwissenschaftlicher Entwicklung und Entfaltung sowie Befriedigung der Bedürfnisse der gesellschaftlichen Praxis ist die grundlegende Voraussetzung für die Prognostizierung und Planung der Wissenschaft. Im Programm der SED wird dazu folgende prinzipielle Orientierung gegeben: „Die Sozialistische Einheitspartei Deutschlands setzt sich für das schöpferische Zusammenwirken der Wissenschaft mit der Produktion ein. ... Die Sozialistische Einheitspartei Deutschlands hält es für erforderlich, daß die Aufgaben für die Forschung in allen Insti-

versität zu Berlin, Gesellschafts- und Sprachwissenschaftliche Reihe 6/1971, S. 692f.

[11] Vgl. B. M. Kedrov: O zakonach razvitija nauki, in: Upravlenie, planirovanie i organizacija naučnych i techničeskich issledovanij, Bd. 1, Moskau 1970, S. 88. Der Zusammenhang von Wissenschaft und Gesellschaft wird in zunehmendem Maße auch von bürgerlichen Wissenschaftstheoretikern erkannt und als prinzipiell bedeutsam für die Forschungsplanung hervorgehoben. (Vgl. beispielsweise: G. Böhme, W. van den Daele und W. Krohn: Die Finalisierung der Wissenschaft, in: Zeitschrift für Soziologie 2/1973, S. 128–144; W. van den Daele: Autonomie contra Planung: Scheingefecht um die Grundlagenforschung, in: Wirtschaft und Wissenschaft, Essen 2/1975, S. 29–32). Da die Vertreter dieses „Finalisierungskonzeptes" jedoch die gesellschaftlichen Zusammenhänge der Wissenschaft nicht in ihrer ganzen Komplexität erfassen, gelangen sie auch teilweise zu einseitigen Bestimmungen. Es geht z. B. nicht nur um eine „Finalisierung" der Wissenschaft auf bestimmte soziale Belange der Gesellschaft. Dieser wesentliche und bei der Forschungsplanung zu realisierende Bezug muß vielmehr im Gesamtzusammenhang der funktionellen Beziehungen der Forschung als Teil der Gesellschaft betrachtet werden. Dabei handelt es sich ferner hier, wie die marxistische Wissenschaftstheorie nachweist, nicht um ein „äußeres" Verhältnis, sondern um die übergreifende komplexe gesellschaftliche Determination der Wissenschaft im gesamten Prozeß ihrer Entwicklung, wobei die Determinationswirkungen auch nicht auf einzelne Teilphasen beschränkt bleiben. Demzufolge ist Planung der Forschung auch nicht vorwiegend externe Einwirkung auf die Forschung, ein Außenfaktor, der auf die innerwissenschaftlichen Entwicklungsprozesse trifft bzw. sie zu berücksichtigen versucht, sondern sie ist notwendig und wird durchgeführt entsprechend der gesellschaftlichen Bedingtheit, dem gesellschaftlichen Wesen und den gesellschaftlichen Funktionen der Forschung. Das voll zu realisieren, setzt allerdings sozialistische Produktionsverhältnisse voraus.

tuten, Hochschulen und wissenschaftlichen Einrichtungen stets zugleich aus den Bedürfnissen der Gesellschaft, aus den Reproduktionsbedingungen der sozialistischen Volkswirtschaft und dem Entwicklungsstand der jeweiligen Wissenschaftsdisziplin abgeleitet werden."[12]

Analysen von Planunterlagen der Akademie der Wissenschaften der DDR zur naturwissenschaftlichen Grundlagenforschung zeigen den erreichten Entwicklungsstand und die Probleme bei der Verwirklichung dieser Orientierung.

Sehr klar herausgearbeitet sind hier die gesellschaftlichen Bedürfnisse bei der weiteren Gestaltung der entwickelten sozialistischen Gesellschaft in der DDR, die daraus resultierenden Funktionen, Ziele und Problemstellungen der Forschung. Die naturwissenschaftliche, mathematische und technische Grundlagenforschung hat vor allem zur Befriedigung folgender wesentlicher gesellschaftlicher Bedürfnisse beizutragen:

„– zur Deckung des Rohstoff-, Energie- und Werkstoffbedarfs,
- zur Befriedigung der zunehmenden Informations- und Kommunikationsbedürfnisse,
- zur Sicherung einer gesunden Ernährung der Bevölkerung der DDR sowie zur Erhaltung, Förderung und Wiederherstellung von Gesundheit und Leistungsfähigkeit des Menschen,
- zur Befriedigung der wachsenden Bekleidungs- und Wohnbedürfnisse und schließlich
- zur Sicherung optimaler Umweltbedingungen, vor allem durch die Minderung umweltschädigender Einflüsse."[13]

Auch die Reproduktionsbedingungen der Volkswirtschaft und die sich daraus ergebenden Konsequenzen für die Wissenschaftsentwicklung sind prinzipiell klargestellt. Im Programmentwurf der SED wird dazu ausgeführt: „Die Intensivierung der gesellschaftlichen Produktion ist der Hauptweg der wirtschaftlichen Entwicklung der Deutschen Demokratischen Republik. ... Der wissenschaftlich-technische Fortschritt ist Hauptfaktor der Intensivierung und beeinflußt die Lösung aller anderen Aufgaben entscheidend. Deshalb hält es die Sozialistische Einheitspartei Deutschlands für erforderlich, die wissenschaftlich-technische Arbeit selbst zu intensivieren, den erforderlichen wissenschaftlichen Vorlauf zu sichern, in möglichst kurzen Fristen in Forschung und Entwicklung Ergebnisse von hohem Niveau zu erzielen und diese rasch und in großem Umfang anzuwenden."[14]

Als wesentlich schwieriger erweist sich die Erfassung der innerwissenschaftlichen Entwicklungstendenzen, der Prozesse der weiteren Annäherung an das Erkenntnisobjekt. Das Hauptproblem besteht darin, den Entwick-

[12] Programm der Sozialistischen Einheitspartei Deutschlands, Berlin 1976, S. 47 f.

[13] K. Hager: Wissenschaft und Technologie im Sozialismus, Berlin 1974, S. 21.

[14] Programm der Sozialistischen Einheitspartei Deutschlands, a. a. O., S. 26 f.

lungsstand der jeweiligen Wissenschaftsdisziplin als Teil des Gesamtentwicklungsstandes der Wissenschaft zu betrachten, den Zusammenhang der einzelnen Wissenschaftsdisziplinen zu beachten, d. h. von einer komplexen Sicht der Wissenschaftsentwicklung auszugehen.

Von der Sowjetwissenschaft ist dazu eine Reihe wesentlicher Erkenntnisse vorgelegt worden. Das betrifft unter anderem die Aufdeckung der Ungleichmäßigkeit in der Entwicklung der Naturwissenschaften. B. M. Kedrov beschreibt die Entwicklung der Naturwissenschaft folgendermaßen: „Zunächst setzt sich ein führendes Element (ein bestimmter Zweig der Wissenschaft) nach vorn ab, das sich besonders schnell entwickelt und alle übrigen Zweige der Wissenschaft überholt. Dieser Zweig übernimmt im Hinblick auf den gesamten wissenschaftlichen Fortschritt die führende Rolle, da er auf der betreffenden Entwicklungsetappe der Wissenschaft allen übrigen Zweigen gewissermaßen als Sprungbrett dient. Ist diese seine Rolle im wesentlichen erfüllt, dann rücken alle übrigen Wissenschaften nach, denen dieser Zweig bisher den Weg für ihre Entwicklung geebnet und denen er gewissermaßen als Sprungbrett gedient hat. Man kann sagen, daß von diesem Zeitpunkt an der einzelne Schrittmacher oder Leader in der Entwicklung der Wissenschaft von einer Gruppe abgelöst wird, und daß die Bewegung der Wissenschaft nunmehr in ihrer ganzen Breite komplex und in der Wechselwirkung aller ihrer Zweige verläuft. Aber auch dieser Prozeß setzt sich nicht endlos fort, sondern nur bis zu jenem Zeitpunkt, an dem erneut die Notwendigkeit dafür entsteht, daß einer der Zweige der Wissenschaft sich abermals nach vorn absetzt und die Rolle eines Sprungbretts für alle übrigen Zweige zu spielen beginnt.“[15] Kedrov leitet daraus als Regelmäßigkeit der Entwicklung der Naturwissenschaft ab, „daß periodisch, in wechselnder Reihenfolge eine Ablösung des Einzelleaders durch einen Gruppenleader und umgekehrt erfolgt“.[16]

Dem Wechsel der Leader liegt nach Auffassung sowjetischer Wissenschaftstheoretiker eine bestimmte Folgerichtigkeit zugrunde, die auf folgender Ursache beruht: „Je komplizierter das Objekt dieser oder jener Wissenschaft ist, die zum Leader wird, um so später kann es in seinen elementaren Formen studiert werden, und entsprechend weiter entfernt vom Anfang der allgemeinen Reihe der Wissenschaften befindet sich sein Platz.“[17]

Im einzelnen stellt sich diese Folgerichtigkeit so dar: „Zuerst war im Laufe zweier Jahrhunderte die Mechanik der Leader, die (nach der Mathematik) ganz am Anfang der hierarchischen Reihe der Wissenschaften stand. Nach dem ‚Jahrhundert der Mechanik‘ folgte historisch das ‚Jahrhundert

[15] B. M. Kedrov: Drei Entwicklungsgesetze der Wissenschaft, in: Wissenschaft und Forschung im Sozialismus, hrsg. von G. Kröber, H. Laitko und H. Steiner, Berlin 1974, S. 25 f.

[16] Ebenda, S. 26.

[17] Naučno-techničeskaja revoljucija i socializm, a. a. O., S. 55.

der Physik', der Wissenschaft, die in der hierarchischen Reihe sogleich hinter der Mechanik steht, wobei die Leaderrolle der Physik eine kürzere Zeit dauerte, im ganzen etwas mehr als ein halbes Jahrhundert. Wenn jetzt die Biologie in den Vordergrund rückt, so bedeutet das, daß diejenige Wissenschaft zum Leader der Naturwissenschaft wird, die in der allgemeinen Reihe der Wissenschaften hinter der Physik steht. Es beginnt das ‚Jahrhundert der Biologie', das wahrscheinlich noch kürzer werden wird als das ‚Jahrhundert der Physik'."[18] In der sowjetischen Literatur wird die Vermutung ausgesprochen, daß nach der Biologie die Leaderrolle an die Psychologie übergehen wird.[19]

Neben diesem Prozeß der ungleichmäßigen Entwicklung der einzelnen Wissenschaftsgebiete wird auch die Tendenz der zunehmenden Differenzierung und Integration der Wissenschaft von Wissenschaftstheoretikern aufmerksam verfolgt. Mit der Erkenntnis dieser und anderer Charakteristika der Wissenschaftsentwicklung – besonders durch die Sowjetwissenschaft[20] – sind theoretische Ansatzpunkte für die tiefere Erfassung der inneren Entwicklungsprozesse der Wissenschaft durch die Forschungsplanung geschaffen worden.

Wie die Analyse der Planungspraxis zeigt, erweist sich als am schwierigsten die theoretische Erfassung und praktische Nutzbarmachung des Zusammenhangs von praktischen gesellschaftlichen Bedürfnissen und innerwissenschaftlichen Faktoren in der Wissenschaftsplanung. Einen theoretischen Ausgangspunkt für das Eindringen in diesen Zusammenhang hat Kedrov mit der Aufdeckung des Mechanismus der Entstehung von Knotenproblemen in der Wissenschaftsentwicklung geschaffen. Er schreibt: „Wenn ein wissenschaftliches Problem oder Forschungsgebiet oder eine wissenschaftliche Richtung sich als nächste Aufgabe der betreffenden Wissenschaft erweist sowohl vom Standpunkt der Anforderungen der Praxis, der Bedürfnisse der Technik auf der einen Seite, als auch gleichzeitig vom Standpunkt der inneren Logik der Wissenschaftsentwicklung auf der anderen Seite, so werden solche Probleme zu Knotenproblemen. In ihnen kreuzen sich, kommen zusammen oder berühren sich gleichsam beide Seiten (oder ‚Linien') der wissenschaftlichen Entwicklung – die materiell-produktive und erkenntnismäßig-logische. In Berührung dieser beiden ‚Linien' entsteht auch jenes Problem, von dessen Lösung sowohl der Erfolg der Lösung der Aufgaben abhängt, die von der Praxis gestellt sind, als auch gleichzeitig der Übergang der Wissenschaft auf jene höhere Stufe, an die die Wissenschaft

[18] Ebenda, S. 54.

[19] Vgl. ebenda, S. 55; B. M. Kedrov: Drei Entwicklungsgesetze der Wissenschaft, a. a. O., S. 23.

[20] Vgl. H. Fetzer: Zum Erkenntnisstand von Gesetzmäßigkeiten der Wissenschaftsentwicklung im Sozialismus. Studien und Forschungsberichte des Instituts für Wissenschaftstheorie und -organisation der AdW der DDR 6/1975.

im Resultat ihrer vorangegangenen Entwicklung logisch dicht herangekommen ist."[21]

Die prognostische Bedeutung dieser Erkenntnis formuliert Kedrov so: „Dem Wesen der Sache nach ist die Geschichte einer beliebigen Wissenschaft vor allem auch die Geschichte ihrer Knotenprobleme. Das trifft voll auf die gegenwärtige Wissenschaft zu, und das nicht nur in ihrem heutigen Zustand, sondern auch in bezug auf die Perspektiven ihrer Entwicklung, folglich auf die Möglichkeit ihrer Prognostizierung in der näheren und ferneren Zukunft.

Dazu ist es notwendig, Wissenschaft und Technik in ihrem gegenwärtigen Niveau und in ihrer vorangegangenen Entwicklung, aber auch die erkennbaren Tendenzen ihrer Entwicklung in der nächsten Zeit einzuschätzen. Eine solche Analyse muß ... in zwei Richtungen gehen:

1. Es ist notwendig, den logischen Aspekt der Bewegung des gegenwärtigen naturwissenschaftlichen Denkens zu enthüllen ...

2. Es ist notwendig, ebenso schöpferisch den Stand der gegenwärtigen Produktionspraxis (Industrie, Technik) zu verfolgen und ihre Bedürfnisse an immer mächtigeren Rohstoff- und Energiequellen, an ökonomisch rentableren, effektiveren Verfahren ihrer Gewinnung und Verarbeitung (Ausnutzung) usw. herauszufinden.

3. Einheitlich, aber in zwei Richtungen gehend, muß eine solche Analyse im Ergebnis jene Knotenpunkte entdecken, wo beide ‚Linien' der Entwicklung (die ‚materielle' und ‚logische') zusammenkommen (sich ‚überkreuzen'). Wenn ein solches Zusammentreffen (‚Überkreuzen') von ihnen im gegenwärtigen Moment noch nicht erreicht wird, so ist es auf dieser Grundlage möglich, auf dem Wege der Extrapolation beider ‚Linien' in das Gebiet der zukünftigen (möglichen) Entwicklung der Wissenschaft vorauszuschauen."[22]

Im Ergebnis kommt Kedrov zu prognostischen Schlußfolgerungen für einzelne Wissenschaftsgebiete, so für die Physik, Chemie und Biologie.[23]

Dieses Modell der Erfassung des Zusammenhangs von innerwissenschaftlichen Faktoren und praktischen gesellschaftlichen Bedürfnissen ist ein möglicher theoretischer Ausgangspunkt für die Qualifizierung der Forschungsplanung, den es weiter auszubauen und praktisch nutzbar zu machen gilt.

Die skizzierten Ansätze der theoretischen Widerspiegelung der Einheit von Wissenschaft und gesellschaftlicher Praxis füllen noch keineswegs den begrifflichen Rahmen dieses Zusammenhangs aus und sind daher noch nicht in der Lage, eine ausreichende theoretische Grundlage für die Prognostizierung und Planung der Wissenschaft zu liefern. Es bedarf noch großer

[21] B. M. Kedrov: O zakonach razvitija nauki, a. a. O., S. 92.

[22] Ebenda, S. 92f.

[23] Vgl. B. M. Kedrov: Mechanizm vozniknovenija uzlovych problem v razvitii nauki i ich prognozirovanie, in: Materialy sympoziuma SĖV „Naučno-techničeskaja revoljucija i social'nyj progress", Bd. 1, Moskau 1974, S. 119.

Anstrengungen, um den Zusammenhang von Wissenschaft und Praxis in seiner ganzen Komplexität und Vielschichtigkeit theoretisch abzubilden und in der Leitung und Planung der Wissenschaft bewußt anzuwenden.

Der Nachweis des gesellschaftlichen Wesens der Wissenschaft und ihrer Entwicklungsgesetze ist noch in anderer Weise für die Wissenschaftsplanung wesentlich. Das betrifft das Verhältnis von gesellschaftlichen Gesetzen und menschlichem Handeln. Unter objektiven Gesetzen der gesellschaftlichen Entwicklung werden allgemeine, wesentliche, notwendige Zusammenhänge zwischen gesellschaftlichen Erscheinungen verstanden, die aus der menschlichen Tätigkeit hervorgehen, sich durch sie verwirklichen und sie determinieren.[24]

Es existiert eine dialektische Wechselbeziehung von gesellschaftlichen Gesetzen und menschlichem Handeln. Der Marxismus-Leninismus geht vom gesetzmäßigen Charakter der gesellschaftlichen Entwicklung aus, aber identifiziert die historische Notwendigkeit nicht mit einer ausweglosen Zwangslage der Menschen.[25] Der jeweilige Entwicklungsstand der gesellschaftlichen Bedingungen, die nationalen Besonderheiten des betreffenden Landes, die individuellen Unterschiede der einzelnen Menschen führen dazu, daß sich für die Durchsetzung der gesellschaftlichen Gesetze im menschlichen Handeln ein bestimmtes Möglichkeitsfeld eröffnet.

Einen Ansatz zur theoretischen Erfassung dieses Zusammenhangs kann die Hypothese des statistischen Charakters gesellschaftlicher Gesetze eröffnen. Mit einem statistischen Gesetz wird ein allgemein notwendiger und wesentlicher Zusammenhang bezeichnet, wobei für das Verhalten eines Systems eine Möglichkeit existiert, die notwendig verwirklicht wird und für das Verhalten der Elemente verschiedene Möglichkeiten existieren, die mit einer bestimmten Wahrscheinlichkeit zufällig verwirklicht werden.[26] Wenn man die menschliche Gesellschaft als System betrachtet, so bedeutet diese Auffassung, daß es für den Verlauf des gesamtgesellschaftlichen Prozesses nur eine Möglichkeit gibt. So vollzieht sich in der Gegenwart in der menschlichen Gesellschaft der Übergang vom Kapitalismus zum Sozialismus. Im historischen Gesamtprozeß gibt es, unbeschadet von zeitweiligen Rückschlägen, keine andere Möglichkeit. In bezug auf die konkreten Erscheinungsformen des gesamtgesellschaftlichen Prozesses in den verschiedenen Ländern, im Leben der Völker und Individuen jedoch existieren verschiedene Möglichkeiten. So gibt es unterschiedliche Wege zum Sozia-

24 Vgl. E. Hahn: Objektive Gesetzmäßigkeit und bewußtes Handeln im Sozialismus, Hauptreferat und Schlußwort auf dem IV. Philosophiekongreß der DDR, Berlin 1975, S. 7.

25 Vgl. W. I. Lenin: Rezension zu: Karl Kautsky, Bernstein und das sozialdemokratische Programm, in: Werke, Bd. 4, Berlin 1955, S. 188.

26 Vgl. H. Hörz: Die Bedeutung statistischer Gesetze in den Gesellschaftswissenschaften, in: Deutsche Zeitschrift für Philosophie 2/1973, S. 182.

lismus in den einzelnen Ländern, und die Menschen verhalten und entwickeln sich auch auf verschiedene Weise in diesem Prozeß.

Die Erfassung der dialektischen Beziehung von gesellschaftlichen Gesetzen und menschlichem Handeln hat für die Planung der Wissenschaft als eines gesellschaftlichen Prozesses wesentliche Konsequenzen. Sie bestehen vor allem darin, daß die Wissenschaftsentwicklung keinen linearen Prozeß darstellt, der in allen Ländern, auf allen Gebieten und zu allen Zeiten in gleicher Weise verläuft, sondern daß sie durch das Handeln der Menschen in Abhängigkeit von den konkreten Bedingungen in unterschiedlicher Weise verwirklicht wird.

Für die Gesetzmäßigkeiten der Wissenschaftsentwicklung im Sozialismus sind zwei Gruppen von Wirkungsbedingungen besonders zu beachten:

Einerseits handelt es sich um die Existenz und Entwicklung der sozialistischen Gesellschaft mit den Erfordernissen und Möglichkeiten sozialistischer Wissenschaftsentwicklung. Es geht dabei um die grundlegenden Zusammenhänge zwischen der materiellen und geistigen Entwicklung der sozialistischen Gesellschaft und der Entwicklung der Wissenschaft.

Andererseits geht es um die subjektiven und objektiven Voraussetzungen und Faktoren innerhalb der Wissenschaftsentwicklung dabei konkret besonders um die Faktoren der Intensivierung des Forschungsprozesses.

Geht man von dieser Gruppierung der Wirkungsbedingungen der Wissenschaftsentwicklung im Sozialismus – gewissermaßen in allgemeine und spezifische – aus, so sind es vor allem folgende Momente, die bei der Planung der Forschung beachtet werden müssen:

1. Die in der Forschung tätigen Menschen, ihre Kollektive, ihre Qualifikation, Erfahrung, Fähigkeiten im Verhältnis zu bestimmten Problemkomplexen und Zielen der Forschungstätigkeit oder Aufgaben der Forschungsleitung;

2. Die realen gesellschaftlichen Voraussetzungen und Anforderungen für das Erkennen und Setzen von Forschungszielen auf Grund von gesellschaftlichen Bedürfnissen und Reproduktionsbedingungen sowie wissenschaftlichen Möglichkeiten;

3. Der gesamte Fonds wissenschaftlicher Erkenntnis, bezogen auf die Anforderungen der gesellschaftlichen und wissenschaftlichen Entwicklung; dazu gehören auch der jeweils erreichte Erkenntnisstand in den einzelnen Disziplinen und die vorhandenen Traditionen in bestimmten Forschungsrichtungen;

4. Die Instrumentarien, baulichen Voraussetzungen und sonstigen materiellen Grundlagen der Forschung;

5. Die gesellschaftliche Organisation der Forschungsarbeit.

Die richtige Beachtung und Beeinflussung dieser Wirkungsbedingungen ist eine wesentliche Voraussetzung für die Einschätzung und Gestaltung der konkreten Möglichkeiten der Wissenschaftsentwicklung im Rahmen der gegebenen gesetzmäßigen Entwicklungstendenzen. Dementsprechend enthalten Forschungspläne auch Festlegungen zu den genannten Bedingungen.

Drittens hat die bisherige Untersuchung der gesetzmäßigen Entwicklung der Wissenschaft den Nachweis erbracht, daß die Wissenschaftsentwicklung ein Prozeß ist, der sich von anderen gesellschaftlichen Prozessen durch den Charakter der in ihm sich vollziehenden Tätigkeit unterscheidet. Die Besonderheit der wissenschaftlichen Tätigkeit resultiert vor allem daraus, daß sie ideelle, objektiv wahre Widerspiegelungen der Wirklichkeit in Form systematischen Wissens hervorbringt und deren gesellschaftliche Nutzung vorbereitet. Die Wissenschaftsplanung kann an dieser Spezifik wissenschaftlicher Tätigkeit nicht vorbeigehen, sondern hat zu fragen: Welche Rolle spielt die *Spezifik der wissenschaftlichen Tätigkeit im gesetzmäßigen Prozeß der Wissenschaftsentwicklung*? Welche Konsequenzen ergeben sich daraus für die Forschungsplanung?

3.2. Spezifik der wissenschaftlichen Tätigkeit und Unbestimmtheiten der Forschung

Die Spezifik der Forschungstätigkeit kann dadurch charakterisiert werden, daß sie „allgemeine Arbeit" ist[27] und ihre Zielstellung darin besteht, gesellschaftlich neue Erkenntnisse über bestimmte Gegenstandsbereiche zu gewinnen. Über den Arbeitsprozeß allgemein schreibt Marx: „Am Ende des Arbeitsprozesses kommt ein Resultat heraus, das beim Beginn desselben schon in der Vorstellung des Arbeiters, also schon ideell vorhanden war."[28] Während diese Vorstellung des Resultats der Arbeit beispielsweise in der Sphäre der Produktion sehr konkreter Natur ist und, davon ausgehend, eine nahezu eindeutige Ableitung der Technologie der Realisierung des ideell vorweggenommenen Resultats möglich ist, wird die Tätigkeit in der Forschung nicht von einer fertigen Vorstellung über das Forschungsresultat geleitet. Die Forschungstätigkeit ist ja gerade dadurch gekennzeichnet, daß es nicht möglich ist, ihre Resultate bzw. Ziele in der gleichen Weise explizite anzugeben wie in der Produktionstätigkeit. Forschungsziele können z. B. in der Aufforderung zur Aufdeckung von Gesetzmäßigkeiten, zur Analyse von Materieeigenschaften oder zur Ermittlung von Zusammenhängen zwischen Parametern eines Prozesses bestehen. Die konkreten Inhalte der Gesetze, Eigenschaften und Zusammenhänge, die letztlich das Resultat des Forschungsprozesses darstellen, sind zu Beginn desselben nicht bekannt – anderenfalls wäre der Forschungsprozeß überflüssig. Die Angabe von Forschungszielen als im strengen Sinne „gedanklich vorweggenommener Zu-

[27] K. Marx: Das Kapital, Dritter Band, in: MEW, Bd. 25, a. a. O., S. 113f.
[28] K. Marx: Das Kapital, Erster Band, in: MEW, Bd. 23, Berlin 1962, S. 193.

stand" ist daher zu Beginn der Forschungsarbeit nicht oder nur mit Einschränkungen möglich, wobei sich die Möglichkeit einmal im Zuge der systematischen Bearbeitung der gestellten Ziele erhöht, zum anderen nimmt die Möglichkeit in der Reihenfolge Erkundungsforschung, gezielte Grundlagenforschung, angewandte Forschung und Entwicklung zu.

Die Forschungstätigkeit läßt sich vielmehr von Problemen und ihnen zugeordneten sogenannten funktionellen Zielen[29] leiten. Das Problem, dessen Lösung Laitko als unmittelbares Ziel der Forschungstätigkeit betrachtet[30], ist durch ein bestimmtes Verhältnis von Wissen und Nichtwissen gekennzeichnet und beinhaltet die Aufforderung, diese Wissenslücken zu verringern bzw. zu beseitigen. Das Problem, als Ausgangspunkt der Forschung, ist immer durch einen bestimmten Umfang an Nichtwissen, durch einen bestimmten Suchraum charakterisiert, innerhalb dessen bzw. in bezug auf den die konkreten Ziele bzw. angestrebten Resultate zu erwarten sind. Unter anderem auch in Abhängigkeit von der Größe dieses Suchraumes bestehen dann verschiedene Möglichkeiten für die Zielstellungen der Forschung, die im „funktionellen Ziel" den Zweck des Resultats deutlich machen, bestehen Möglichkeiten für konkrete Resultate, die diesem angestrebten Zweck genügen, ihn erfüllen. Dabei müssen diese Möglichkeiten, unter Berücksichtigung des bereits vorhandenen Wissens zum Zeitpunkt der Planung durchaus nicht immer in allen Einzelheiten bekannt sein, sie werden in der Regel erst im Verlauf des Forschungsprozesses weitgehend aufgedeckt bzw. auf eine Möglichkeit oder wenige reduziert.

Damit bedingt die spezifische Eigenschaft der Forschungstätigkeit, nach gesellschaftlich neuen Erkenntnissen zu streben, von Problemen ausgehend ein Spektrum von Möglichkeiten für Ziele bzw. Resultate. Im Vollzug des Forschungsprozesses lassen sich dann weitere Möglichkeitsfelder ableiten, die objektiv existieren, da sie u. a. ebenfalls sämtlich darauf beruhen, daß das Problem der Ausgangspunkt der Forschung ist. Laitko nennt drei weitere Beispiele für Möglichkeitsfelder im Rahmen der Forschungstätigkeit:

1. bei der Zuordnung Problem - Methode
2. bei Übergängen innerhalb der Methode
3. bei der Zuordnung zwischen den Elementen der methodischen Struktur und den metrischen Charakteristika der entsprechenden Prozesse.[31]

Die Forschungstätigkeit ist also in besonderem Maße durch das Vorhandensein von Möglichkeitsfeldern im Vollzug dieser Tätigkeit gekennzeichnet. Dieses Unbestimmtheitscharakteristikum ist sowohl durch forschungsspezifische wie auch durch forschungsunspezifische Faktoren bedingt.

[29] Funktionelle Ziele geben den Zweck an, den das angestrebte Resultat erfüllen soll, ggf. auch bevor das konkrete Forschungsresultat bekannt ist.

[30] Vgl. H. Laitko: Zyklische Prozesse in der Wissenschaft, in: Wissenschaft im Sozialismus, Berlin 1973, S. 168.

[31] Vgl. ebenda, S. 177f.

Die Existenz von Möglichkeitsfeldern resultiert – zusammengefaßt – aus
- der Funktion des Menschen als Wirkungsbedingung und Handlungssubjekt im Vollzug gesellschaftlicher Gesetze,
- dem Nichtwissen, Teilwissen und unvollkommenen Wissen über Fakten, Gesetzmäßigkeiten und Bedingungen eines Objektbereiches, in dem oder mit dem gesellschaftliches Handeln vollzogen werden soll,
- den unterschiedlichen Bedingungen und Voraussetzungen für die Durchsetzung und Ausnutzung der objektiven Gesetze,
- der Eigenschaft der Forschung als Tätigkeit des Vorstoßens in bisher unbekannte Wissensbereiche.

Die ersten drei Gruppen von Faktoren müssen dabei jeder gesellschaftlichen Tätigkeit zuerkannt werden, unabhängig von ihren spezifischen Charakteristika. Entsprechend sind auch im Vollzug jeglicher gesellschaftlicher Tätigkeit Unbestimmtheiten zu beachten, sind in Leitung und Planung dieser Tätigkeiten Möglichkeiten ihrer Erfassung und Berücksichtigung zu erarbeiten und anzuwenden. Die Spezifik der Forschungstätigkeit selbst bedingt darüber hinaus weitere, nur diesem Tätigkeitsbereich des Menschen zukommende Unbestimmtheiten. Diese wiederum beeinflussen Ausmaß, Tiefe und Bedeutung der aus den anderen Faktoren herrührenden Unbestimmtheiten. Bei einer Betrachtung des Unbestimmtheitscharakters der Forschung müssen daher alle vier Faktorengruppen im Zusammenhang gesehen werden, um letztlich auch zu differenzierten Maßnahmen der Berücksichtigung und gegebenenfalls Reduzierung der Unbestimmtheiten zu gelangen.

Nach der Diskussion der Frage, ob und durch welche Faktoren bedingt die Forschungstätigkeit Unbestimmtheitsmerkmale besitzt, ist weiter der Charakter dieser Unbestimmtheit der Forschung zu klären. Es ist beispielsweise zu untersuchen, ob die Unbestimmtheiten in der Forschung ebenfalls als Wirkung des Zufalls identifiziert werden können, wie in der statistischen Informationstheorie, oder aber weitere Gesichtspunkte zur Kennzeichnung der Unbestimmtheit der Forschung herangezogen werden müssen.

Einen Ansatzpunkt hinsichtlich einer differenzierten Charakterisierung der Unbestimmtheit geben Gott und Ursul. Sie betonen, daß die Unbestimmtheit in den Naturprozessen immer mit der Zufälligkeit und der Wahrscheinlichkeit verbunden ist, während andererseits die Unbestimmtheit in Prozessen, die eine Beziehung des Menschen zu seiner Umwelt zum Inhalt haben, nicht immer auf der Zufälligkeit beruht.[32] Worin ist diese Unterscheidung begründet?

Bezogen auf die Entwicklung des Menschen schreibt Hörz über den Naturprozeß: „Die Natur plant die Entwicklung des Menschen nicht, um sie dann

[32] Vgl. V. S. Gott und A. D. Ursul: O kategorijach opredelennosti i neopredelennosti, in: Voprosy filosofii 6/1971, S. 61ff.

zielgerichtet durchzuführen, sondern sie gibt alle Möglichkeiten zur Ausgestaltung des Formenreichtums und schafft dabei die Voraussetzungen, daß unter bestimmten Bedingungen vernunftbegabte Wesen entstehen, die ihre Existenzbedingungen selbst produzieren."[33] Demgegenüber erwächst das Denken als ein Prozeß, in dem eine Beziehung des Menschen zu seiner Umwelt zum Ausdruck kommt, aus den praktischen Erfordernissen und für die Bedürfnisse der Praxis. Das Denken ist insbesondere ein zielgerichteter Prozeß. „Indem er sich bestimmte Ziele stellt, die sich aus den praktischen Erfordernissen ergeben, trennt der Mensch einige Eigenschaften des Gegenstandes ab und abstrahiert von anderen, die nicht wesentlich sind."[34] Gott und Ursul weisen darauf hin, daß der Erkenntnisprozeß, die Bewegung vom Nichtwissen zum Wissen nicht nur Zufallscharakter besitzt, sondern Teilprozesse innerhalb des Gesamtprozesses auch in eindeutig determinierter Weise erfolgen können.[35] Es gilt zu beachten, daß nicht alle Teilprozesse und Teilresultate der wissenschaftlichen Erkenntnis Wahrscheinlichkeitscharakter tragen. Der Auswahlprozeß aus einer beliebigen Elementmenge kann sowohl zufällig als auch nach einem bestimmten vorgegebenen Plan erfolgen, wobei wiederum nicht absolut sicher ist, ob im Plan bzw. für ihn alle relevanten objektiv existierenden Bedingungen erfaßt sind oder nur der erkannte Teil davon. Entsprechend bestehen im Rahmen des Erkenntnisprozesses auch Formen, die sich von denen des Wahrscheinlichkeits- bzw. Zufallsprozesses unterscheiden. Besonders die Betrachtungen hinsichtlich einer Anwendung der statistischen Informationstheorie auf gesellschaftliche Prozesse wiesen auf die Grenzen der Wahrscheinlichkeits- bzw. Zufallsinterpretation der Unbestimmtheit hin, führten letztendlich auch zur Ausarbeitung neuer mathematischer Zugangspunkte zur Information und Unbestimmtheit (z. B. mit Hilfe der Kombinatorik, der Mengenlehre, der Topologie), die nicht auf der Wahrscheinlichkeit beruhen und deren Relevanz für eine Beschreibung des Unbestimmtheitscharakters der Forschung noch einer näheren Untersuchung bedarf.

Die Unzulänglichkeit der Zufallsinterpretation der Unbestimmtheit bei der Anwendung auf gesellschaftliche Prozesse ist insbesondere mit der Rolle des bewußt handelnden Menschen in diesen Prozessen verbunden. Speziell auf den Erkenntnisprozeß bezogen muß davon ausgegangen werden, daß der Mensch in diesem Prozeß in der Regel nicht vom völligen Nichtwissen ausgeht, sondern daß vielmehr in diesem Prozeß die Dialektik von Erkanntem und noch nicht Erkanntem zu berücksichtigen ist. Obwohl einerseits der Prozeß der Bewegung vom Problem zur Theorie als Bewegung

[33] H. Hörz: Marxistische Philosophie und Naturwissenschaften, Berlin 1974, S. 417.

[34] P. V. Kopnin: Dialektik – Logik – Erkenntnistheorie, Berlin 1970, S. 223.

[35] Vgl. V. S. Gott und A. D. Ursul: O kategorijach opredelennosti i neopredelennosti, a. a. O., S. 61ff.

von höchster Unbestimmtheit zu höchstmöglicher Bestimmtheit charakterisiert wird[36], bemerkt andererseits Kopnin, daß die Erarbeitung eines wissenschaftlichen Problems ihrerseits Wissen erfordert und daher das Problem, obgleich es paradox klingen mag, nicht allein das Nichtwissen verkörpert, sondern Wissen über das Nichtwissen.[37]

Das bereits vorliegende Wissen in Form wissenschaftlicher Erkenntnisse und Erfahrungen wie auch das Aufstellen von Analogien geben dem Forscher eine Reihe von Anhaltspunkten, allerdings besonders in der Grundlagenforschung nur in bescheidenem Maße die Möglichkeit, den durch das Problem charakterisierten Suchraum von vornherein auf die wesentlichen Elementmöglichkeiten zu konzentrieren, im Rahmen der Problembearbeitung eindeutig zwischen den für die Problemlösung wesentlichen und unwesentlichen Methoden zu unterscheiden, zu differenzieren zwischen für die Problemlösung wesentlichen und unwesentlichen Anforderungen und beeinflussenden Faktoren. Obwohl Problem und Problemlösungsprozeß durch Unbestimmtheit, d. h. verschiedene meist vorher nicht bekannte Such- und Bearbeitungsmöglichkeiten gekennzeichnet sind, können sich Problemstellungen und Lösungsmöglichkeiten andererseits durchaus notwendig aus praktischen Erfordernissen, als Schlußfolgerungen aus dem gegebenen Wissensstand und unter Berücksichtigung der vorhandenen Erfahrungen ableiten lassen. Es gibt aus der Entwicklung der Wissenschaft zahlreiche Beispiele dafür, daß Forscher unabhängig voneinander gleiche Probleme bearbeiteten und lösten, aber auch in der Vorgehensweise bei der Lösung weitgehend übereinstimmten, eben weil herangereifte Anforderungen der Praxis und ein bestimmter Erkenntnisstand zwangsläufig zur Bearbeitung und Lösung der betreffenden Probleme aufriefen bzw. sie ermöglichten, die Anwendung bestimmter Lösungsmethoden anregten oder gar forderten. Zur Untermauerung dessen können die verschiedenen Versuche zur Erarbeitung eines Periodensystems der Elemente, die gleichzeitige Entwicklung des Transistors in der UdSSR und in den USA, wie auch die nahezu übereinstimmende technische Lösung bei der Entwicklung von Überschall-Verkehrsflugzeugen in der UdSSR einerseits und Frankreich/Großbritannien andererseits herangezogen werden.

Allgemein zeigt die Analyse zahlreicher wissenschaftlicher Entdeckungen, daß im Forschungsprozeß Zufall und Notwendigkeit in komplizierter Weise miteinander verbunden sind. Wenn wir daher vom Unbestimmtheitscharakter der Forschung sprechen, so ist diese Unbestimmtheit nicht gleichzusetzen mit einem rein zufälligen Ablauf der Forschungstätigkeit. Vielmehr muß die Unbestimmtheit der Forschung als ein „Einander-Ergänzen“ von Zu-

36 Vgl. J. S. Sharikow: Das wissenschaftliche Problem, in: Logik der wissenschaftlichen Forschung, hrsg. von P. W. Kopnin und M. W. Popowitsch, Berlin 1969, S. 57f.

37 Vgl. P. V. Kopnin: Osnovy marksistko-leninskoj filosofii, Moskau 1971, S. 195.

fall und Notwendigkeit, als „Wechselwirkung zwischen Zufälligem und Notwendigem" aufgefaßt werden.[38] Pilipenko geht sogar soweit, in der Erkenntnistätigkeit die entscheidende Rolle der Notwendigkeit zuzuschreiben, betont jedoch an anderer Stelle, daß „in der Entwicklung der Wissenschaft und im schöpferischen Prozeß des einzelnen Wissenschaftlers der Zufall"[39] nicht unterschätzt werden darf. Eine Form des Zufalls bestehe darin, daß es sich um die Aufdeckung einzelner Fakten, Seiten, Zusammenhänge im Rahmen einer Erscheinung handele. Erst der weitere Erkenntnisprozeß deckt dann den wesentlichen Zusammenhang der Einzeldaten auf, läßt bestimmte Notwendigkeiten deutlich werden. Derartige Zufälle im Rahmen der Erkenntnis dürfen nicht ignoriert werden. Darüber hinaus müssen aber auch die im direkten Vollzug des Erkenntnisprozesses auftretenden Zufälle beachtet werden, wenngleich sie bei weitem nicht in allen Fällen berücksichtigt werden können, da sowohl die unerschöpfliche Vielfalt der Beziehungen des Objekts als auch die zahlreichen Möglichkeiten, Beeinflussungen und Abhängigkeiten des Forschungsprozesses selbst in ihrer Gesamtheit vorweg, d. h. bei der Planung nicht erfaßbar sind.

Im Zusammenhang mit dem Versuch einer näheren Kennzeichnung bzw. Beschreibung der Unbestimmtheit sollen auch die Fragen nach dem objektiven oder subjektiven Charakter der Unbestimmtheit in der Forschung berührt werden.

Unbestimmtheit als Eigenschaft (bzw. Kategorie) des Erkenntnisprozesses bzw. allgemeiner gesagt, als Eigenschaft menschlicher Tätigkeit ist zunächst einmal subjektive Unbestimmtheit, d. h. eine Charakteristik des (gesellschaftlichen) Subjekts. Sie ist verbunden mit subjektivem Wissen bzw. Nichtwissen, den subjektiven Erfahrungen, Fähigkeiten und Motiven (der Gesellschaft, der Kollektive sowie Persönlichkeiten). Diese subjektive Unbestimmtheit wird im Verlauf des Erkenntnisprozesses verringert, da Nichtwissen zu Wissen überführt wird und die Bestimmtheit des Wissens zunimmt. Andererseits muß auch in diesem Prozeß des Übergangs von Nichtwissen in Wissen, muß selbst für das Endresultat des Erkenntnisprozesses die Dialektik von Nichtwissen und Wissen, von Unbestimmtheit und Bestimmtheit berücksichtigt werden. Das im Zuge des Erkenntnisprozesses neu gewonnene Wissen vergrößert seinerseits wieder den Horizont des Forschers, erzeugt neues „Wissen über Nichtwissen", führt zu neuen Problemstellungen, damit auch zu neuer Unbestimmtheit. Ursul sieht diese Dialektik von Bestimmtheit und Unbestimmtheit darin, daß die Bewegung innerhalb des Erkenntnisprozesses sowohl zur Vergrößerung dei Bestimmt-

[38] N. V. Pilipenko: Das Verhältnis von Notwendigkeit und Zufall im wissenschaftlichen Schöpfertum, in: Autorenkollektiv: Wissenschaftliche Entdekkungen – Probleme ihrer Aufnahme und Wertung, hrsg. in deutscher Sprache von L. Kannengießer und G. Kröber, Berlin 1974, S. 100.

[39] Ebenda, S. 101, S. 105.

heit des Wissens führt als auch zu der der Unbestimmtheit. Je mehr Bestimmtheit das Wissen enthält, desto mehr Problemsituationen eröffnen sich, desto mehr neue Unbestimmtheit entsteht.[40] Zum anderen resultiert der subjektive Inhalt der Unbestimmtheit allgemein aus dem Wirken des Subjekts im Erkenntnisprozeß, resultiert daraus, daß subjektives Handeln unabdingbarer Bestandteil gesellschaftlicher Prozesse ist, somit auch des Erkenntnisprozesses. In diesem Sinne trägt subjektives Verhalten, das bewußt oder unbewußt von dem objektiv notwendigen oder günstigsten Verhalten abweichen kann, ebenfalls zum Unbestimmtheitscharakter bei. Ursul macht zugleich darauf aufmerksam, daß die Vorstellung der Unbestimmtheit im Erkenntnisprozeß als rein subjektive Unbestimmtheit nicht alle Seiten der Unbestimmtheit erfaßt.[41] Ausgehend davon, daß der Erkenntnisprozeß ein Prozeß der Widerspiegelung des Objektes durch das Subjekt ist, weist er darauf hin, daß auf Grund des Widerspiegelungsprozesses im Wissen auch die Unbestimmtheit des Objektes (z. B. quantenmechanischer Prozesse) selbst enthalten ist. Wenn daher das Erkenntnisobjekt Unbestimmtheit enthält, dann muß das erkennende Denken diese objektive Unbestimmtheit im Wissen widerspiegeln. Im Forschungsprozeß muß folglich zwischen der objektiven Unbestimmtheit des Objektes und subjektiven Unbestimmtheiten im Rahmen der Erkenntnis und Widerspiegelung desselben unterschieden werden. Es muß auch von der Unbestimmtheit als einem objektiven Merkmal der Forschungstätigkeit in dem Sinne gesprochen werden, daß die Unbestimmtheit eine der Forschungstätigkeit wesensimmenante Eigenschaft darstellt.

Die bisherigen Ausführungen zur Charakterisierung der Unbestimmtheit mündeten in der Konsequenz, die Unbestimmtheit des Erkenntnisprozesses als eine Eigenschaft anzusehen, die eng mit der komplizierten Wechselwirkung von Notwendigkeit und Zufall zusammenhängt, die begründet ist durch die in jeder Phase des Erkenntnisprozesses wirkende Dialektik von Wissen und Nichtwissen. In diesem Sinne ist im Forschungsprozeß das Verhältnis von erkannten Entwicklungsgesetzen der Forschung zu den noch unvollkommen erkannten Gesetzen zu beachten, ist speziell auch die Wechselbeziehung zwischen bereits bekannten Gesetzen des zu untersuchenden Objekts bzw. bekannten Gesetzen, die in der nächsten Umgebung des zu erforschenden Objekts liegen, und den unbekannten Gesetzen des Objekts, die das eigentliche Forschungsziel darstellen, zu berücksichtigen.

Aus der Dialektik von Wissen und Nichtwissen – insbesondere aber durch die Rolle des Menschen im Forschungsprozeß – ergibt sich, daß die Beziehung von Gesetz und Unbestimmtheit nicht allein als Verhältnis von Gesetz und Zufall verstanden werden darf.

[40] Vgl. A. D. Ursul: Problema informacii v sovremennoj nauke, Moskau 1975, S. 155.

[41] Vgl. ebenda, S. 154.

Zum Abschluß dieses Abschnittes soll der Versuch einer zusammenfassenden Beschreibung der Unbestimmtheit des Erkenntnisprozesses unternommen werden: Unter der Unbestimmtheit ist eine Eigenschaft des Erkenntnisprozesses zu verstehen. Diese ist verbunden mit dem Vorhandensein von Möglichkeitsfeldern im Vollzug der entsprechenden Tätigkeiten. Sie führt zu der Unmöglichkeit, das Eintreten der mit der Realisierung des Erkenntnisprozesses verbundenen Ereignisse eindeutig vorhersagen zu können. Dies ist bedingt durch

- die Funktion des Menschen als Wirkungsbedingung und Handlungssubjekt im Vollzug gesellschaftlicher Gesetze,
- die unterschiedlichen Bedingungen und Voraussetzungen für die Durchsetzung und Ausnutzung der objektiven Gesetze,
- die Dialektik von Erkanntem und noch nicht Erkanntem im Bereich des Erkenntnisobjektes wie auch im Bereich der Entwicklungsgesetze der Wissenschaft, damit verbunden auch durch die komplizierte Wechselwirkung von Notwendigkeit und Zufall im Erkenntnisprozeß.

3.3. Zu einigen Konsequenzen des Unbestimmtheitscharakters der Forschung für die Forschungsplanung

Die spezifischen Eigenschaften der Forschung, vor allem die ihr immanenten Unbestimmtheiten, werfen die Frage auf, welche Konsequenzen sich aus diesem Merkmal für die Planung der Forschung ergeben, unter welchen Bedingungen, mit welchen Besonderheiten diese Planung zu vollziehen ist. Die Schlußfolgerungen, die aus der Spezifik der Forschung für die Gestaltung des Planungsprozesses gezogen werden müssen, können im allgemeinen nicht darin bestehen, daß die Methoden anderer gesellschaftlicher Bereiche, denen diese Spezifik nicht eigen ist, formal auf den Forschungsprozeß übertragen werden. Pavljučenko warnt dabei besonders vor einer mechanischen Übertragung der Leitungs- und Planungsprinzipien, die in den Zweigen der materiellen Produktion angewendet werden, auf das Gebiet der wissenschaftlichen und technischen Forschungen.[42] Eine wesentliche Voraussetzung für die Erarbeitung entsprechender Möglichkeiten für die Forschungsplanung wird in der Kenntnis über Auftreten und Veränderungen der Unbestimmtheiten in der Forschung gesehen. Die relativ geringe Aufmerksamkeit, die derartigen Untersuchungen bisher entgegengebracht wird, ist sicher mit eine Ursache dafür, daß die Methoden von Leitung und Planung der Forschung bisher noch nicht in ausreichendem Maße der Spezi-

[42] Vgl. V. Pavljučenko: Proporcii i ėkonomičeskie kriterii razvitija nauki, in: Upravlenie, planirovanie i organizacija naučnych i techničeskich issledovanij, Moskau 1970, Bd. 4, S. 63.

fik der Forschungstätigkeit entsprechen. Die objektiv vorhandenen Unbestimmtheiten in der Forschung, die als eine Art von Bedingung aufgefaßt werden können, unter der die Forschungsplanung zu erfolgen hat, fordern jedoch Antwort auf die Frage: *Wie* muß die Planung der Forschung erfolgen, um dieser Spezifik gerecht zu werden und immer wirksameres Instrument menschlichen Handelns in diesem gesellschaftlichen Teilbereich zu werden?

Die notwendige Berücksichtigung des Unbestimmtheitscharakters der Forschung in ihrer Planung erstreckt sich dabei auf mehrere Bereiche. Sie muß sich sowohl in Prinzipien und Methoden der Planung (z. B. Prinzip der Planpräzisierung, Differenziertheit der Planung, kontinuierliche Kontrolle, Schaffung von Reserven, Arbeit mit Varianten) als auch in den besonderen Formen der Planangaben selbst widerspiegeln (z. B. Zulassen von Toleranzen, Wahrscheinlichkeitsangaben, verschiedene Konkretheit und Detailliertheit der Planangaben), kann aber ebenfalls in speziellen Formen der Forschungstätigkeit zum Ausdruck gebracht werden (Parallelforschung, Staffelung verschiedener Vertiefungsgrade).

In diesem Zusammenhang ist je nach dem Charakter der Forschung (Grundlagenforschung, angewandte Forschung, Entwicklung von Konstruktionen und Verfahren) ein hinsichtlich Form und Umfang der Berücksichtigung von Unbestimmtheiten differenziertes Herangehen notwendig, ja selbst innerhalb einer Phase sind Differenzierungen erforderlich. Weiterhin werden die Formen der Berücksichtigung der Unbestimmtheit variieren in Abhängigkeit von dem zu planenden Element des Forschungsprozesses (Problem- bzw. Zielstellung, methodisches Vorgehen, Potential u. ä.).

Auf einzelne Möglichkeiten, Unbestimmtheiten in der Planung zu berücksichtigen, wie auch auf notwendige Differenzierungen, soll im folgenden am Beispiel von drei Unbestimmtheitsgruppen hingewiesen werden:

A. Unbestimmtheiten im Rahmen der Problem- und Zielstellung,
B. Unbestimmtheiten beim methodischen Vorgehen,
C. Unbestimmtheiten bei der Zuordnung von Problem und metrischen Charakteristika des Forschungsprozesses.

Zu A:

Der Erarbeitung von Möglichkeiten der quantitativen und qualitativen Berücksichtigung der *Unbestimmtheiten im Rahmen der Problem- und Zielstellung* bei der Planung kommt insbesondere deshalb erhöhte Aufmerksamkeit zu, da methodisches Vorgehen und Potentialbestimmung vom Problem bzw. Ziel ausgehen, sich daher Unbestimmtheiten dieses Bereiches auf alle weiteren Elemente auswirken müssen. Eine quantitative Bestimmung des Unbestimmtheitsgehalts einer Problem- bzw. Zielstellung – im wesentlichen also der Unbestimmtheit, die im Verlauf der Problemlösung beseitigt werden soll – ist nur unter der Voraussetzung möglich, daß man den Umfang des Feldes möglicher Lösungen kennt. Dieses Möglichkeitsfeld ist jedoch zu Beginn des Forschungsprozesses nicht oder nur teilweise und selbst in späteren Stadien nicht immer vollständig bekannt. Zum anderen gibt es auch für eine objektive Wahrscheinlichkeitsbewertung dieser möglichen Lösungen relativ zum vorhandenen Wissen nur erste theoretische Ansätze, die sich auf einfachste Problemlösungen erstrecken.[43] Auf Grund dessen beschränkt sich eine quantitative Unbestimmtheitsbewertung bisher auf subjektive Einschätzungen (Wahrscheinlichkeitsaussagen durch Expertenbewertung), wobei diese Einschätzungen auch nicht den Unbestimmtheitsgehalt an sich betrachten, sondern vielmehr die Unbestimmtheit hinsichtlich bestimmter Erwartungen, z. B. die Wahrscheinlichkeit einer erfolgreichen Realisierung, die Wahrscheinlichkeit einer Nutzung der möglichen Resultate. Trotzdem stellen die Expertenbewertungen bezüglich Realisierbarkeit, Nutzungswahrscheinlichkeit u. ä. ein wichtiges Hilfsmittel für die Planung dar.

Um weiterführend zu methodischen Konsequenzen für die Forschungsplanung zu gelangen, wollen wir kurz die gegenseitige Beeinflussung von funktioneller und nichtfunktioneller Zielkomponente[44] in der Forschung betrachten. Es können dann drei Fälle unterschieden werden:

1. Es liegt eine Anforderung der gesellschaftlichen Praxis vor (gesellschaftlich-funktionelle Zielkomponente), aus der die nichtfunktionellen Zielkomponenten (Problemstellungen und gegebenenfalls auch Resultathypothesen) abgeleitet werden.

2. Es liegen innerwissenschaftliche Anforderungen vor (wissenschaftlich-funktionelle Zielkomponente), woraus nichtfunktionelle Zielkomponenten abgeleitet werden können.

3. Es liegen innerwissenschaftliche Anforderungen vor (wissenschaftlich-funktionelle Zielkomponente), und aus der Bearbeitung der entsprechenden Problemstellungen ergeben sich neue gesellschaftlich-funktionelle Zielkomponenten (d. h. außerwissenschaftliche Zwecke).

In den ersten beiden Fällen unterliegen einmal die Anforderungen der gesellschaftlichen Praxis Einflüssen (veränderte gesellschaftliche Bedingungen, neue Bewertungsmaßstäbe), die diese funktionelle Zielkomponente modifizieren oder vollkommen verändern, zum anderen können sich auch innerwissenschaftliche Anforderungen in Abhängigkeit von neuen Erkenntnissen – auch anderer Wissensgebiete – ändern. Beide Situationen führen zwangsläufig auch zu Modifizierungen der nichtfunktionellen Zielkomponente.

[43] Vgl. W. Heitsch: Induktive Methoden der Hypothesenbestätigung, in: Problem und Methode in der Forschung, hrsg. von H. Parthey, Berlin 1977.

[44] Den Kern oder Ausgangspunkt der nichtfunktionellen Zielkomponente bildet stets ein wissenschaftliches Problem. Diese Zielkomponente drückt den angestrebten Abschluß der betrachteten Forschungstätigkeit aus, unabhängig von seiner weiteren Verwendung. Bei genügend angereichertem Wissen (im Prozeß der Problemlösung) lassen sich hypothetisch Resultate angeben, die dieser nichtfunktionellen Zielkomponente entsprechen.

Umgekehrt erfordern neue Erkenntnisse im Rahmen der Problemlösung oftmals Präzisierungen und Veränderungen innerhalb der funktionellen Zielkomponenten.

Allgemein kann gefolgert werden, daß die Zuordnung von funktioneller und nichtfunktioneller Zielkomponente zu Beginn eines Forschungsprozesses niemals eindeutig ist, da immer unsicher bleibt, ob und inwieweit das im Rahmen der Problemlösung erhaltene Wissen den in der funktionellen Zielkomponente enthaltenen Zweck erfüllt. Die Zuordnung wird aber im Verlauf der Problembearbeitung bestimmter.

Die wechselseitige Beeinflussung von funktionellen und nichtfunktionellen Zielkomponenten läßt es daher als sinnvoll und notwendig erscheinen, die Anerkennung der Planpräzisierung als methodisches Prinzip der Planung[45] zu fordern, da hierin eine wesentliche Möglichkeit zur Berücksichtigung der Unbestimmtheit im Rahmen der Problem- und Zielstellung in der Planung gesehen wird. Allerdings gibt es auch Argumentationen gegen diese Möglichkeit. So wendet sich Bašin gegen die Forderung nach ständigen Korrekturen des Planes.[46] Diese Argumentation kann dabei lediglich so verstanden werden, daß damit gegen die Anwendung und Ausnutzung der Planpräzisierung als einer einfachen Möglichkeit der Verschleierung von mangelhafter Planung vorgegangen werden soll. Dieser Zusammenhang macht zumindest darauf aufmerksam, daß die Anerkennung der Planpräzisierung als planmethodisches Prinzip verbunden sein muß mit einer stärkeren Verantwortung der in der Planung Tätigen für eine bestmögliche und vor allem gesellschaftsbewußte Planung.

Wesentliche Voraussetzung für das rechtzeitige Erkennen von notwendigen Planänderungen ist die kontinuierliche Kontrolle des Forschungsprozesses, die ständige Überprüfung des erreichten Standes der Arbeiten, des Erkenntnisfortschrittes, ein ständiger Vergleich der angestrebten Ziele und erreichten Teilergebnisse untereinander wie auch mit den gesellschaftlichen Bedürfnissen, mit dem angestrebten Zweck.

Eine weitere Möglichkeit, den Unbestimmtheiten im Rahmen der Problem- und Zielstellung in der Planung Rechnung zu tragen, besteht in der Anwendung von Problem- bzw. Zielklassifikationen und einer entsprechend differenzierten Planung der Prozeßparameter. So wird von Hanke eine Unterscheidung nach dem Charakter der Zielangaben in

a) Forschungsgebiete und Forschungsrichtungen (mit unvollständigen ersten Angaben zu den funktionellen Zielkomponenten);

[45] Vgl. P. Hanke: Planungsprobleme in der Grundlagenforschung, Berlin 1975, S. 59ff.

[46] Vgl. M. L. Bašin: Osnovnye metody obosnovanija stoimosti naučnych i techničeskich issledovanij, in: Upravlenie, planirovanie i organizacija naučnych i techničeskich issledovanij, Bd. 4, Moskau 1970, S. 258.

b) Forschungsziele vorwiegend funktionellen Charakters (mit bereits weiter ausgereiften funktionellen Zielangaben);
c) Ziele mit Angaben von hypothetischen Resultaten (d. h. mit der Möglichkeit einer Hinzunahme von nichtfunktionellen Zielkomponenten) zur Diskussion gestellt.[47] Wächter schlägt eine Problemklassifikation vor in

- singuläre Beschreibungsprobleme,
- generalisierende Beschreibungsprobleme,
- Erklärungsprobleme,
- Theoretisierungsprobleme.[48]

Wenngleich eingeschätzt werden muß, daß der Abstraktionsgrad dieser Gliederungen für die Belange der Planung oft noch zu hoch ist, deutet zumindest die erste Analyse eines Komplexthemas der Grundlagenforschung auf die Anwendbarkeit der genannten Zielklassifikation hin, obwohl betont werden muß, daß diese Analyse lediglich Beispielcharakter trägt und noch keine allgemeingültigen Aussagen zuläßt. Die Relevanz dieser Zielklassifikation resultiert zum einen daraus, daß sie eine Möglichkeit zur Charakterisierung des Unbestimmtheitsverhaltens in der Forschung, speziell auch der Grundlagenforschung eröffnet. Zum anderen liefert sie auch Ansatzpunkte, um Korrelationen zur Genauigkeit verschiedener Planangaben abzuleiten. Faßt man die Zielklassifikation a) bis c) derart auf, daß der Bestimmtheitsgrad der Ziele von a) nach c) zunimmt, dann können Veränderungen der Proportionen zwischen diesen Zielklassen im Rahmen der Bearbeitung von Komplexthemen zur Kennzeichnung der Unbestimmtheitsvariation im Verlauf des Erkenntnisprozesses herangezogen werden. Eine durchgeführte Analyse in der Grundlagenforschung brachte beispielsweise folgende Entwicklung des Verhältnisses der Zielklassen b) und c). Ziele, die der Klasse a) zuzuordnen wären, lagen nicht vor (siehe Abbildung 4).

Unter Berücksichtigung der gemachten Annahme spricht diese deutliche Zielkonkretisierung für eine Verringerung der Unbestimmtheit.

Die Anwendung des planmethodischen Prinzips der möglichen Präzisierung und Konkretisierung der Zielangaben führt auch zu folgenden für die Planungspraxis interessanten Fragestellungen:

- Welche Detailliertheit und Konkretheit der Zielangaben wird gegenwärtig in den Planmethodiken gefordert?
- Welche Detailliertheit und Konkretheit ist unter Berücksichtigung des vorhandenen Wissensstandes möglich und sinnvoll, um zugleich der Forderung zu genügen, daß die Zielstellung wirksamer Ausgangspunkt menschlichen Handelns in der Forschung ist?

[47] Vgl. P. Hanke: Planungsprobleme in der Grundlagenforschung, a. a. O., S. 46f.
[48] Vgl. A. Gorziza, E. Lang und W. Wächter: Problemfelder als Forschungsgegenstand. Einige Grundlagen der Analyse von Problemfeldern in der wissenschaftlichen Forschung. Studien und Forschungsberichte des Instituts für Wissenschaftstheorie und -organisation der AdW der DDR 3/1974, S. 25–28.

Zeit nach Beginn der Forschungsarbeiten [a]	0	1	2	3	4	5	
Gruppe b	91	90	88	80	69	50	Anteil [%]
Gruppe c	9	10	12	20	31	50	

Es ergibt sich folgendes Bild:

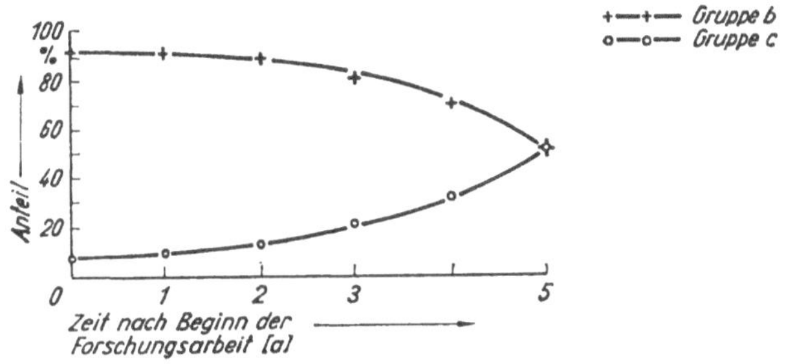

Abb. 4: Zieltyp und Bearbeitungszeitraum

- Inwieweit ergeben sich aus der differenziert möglichen Konkretheit der Zielangaben Hinweise für eine adäquate Planung weiterer Parameter des Forschungsprozesses?

Die Beantwortung dieser Fragen kann unter Umständen wesentlich zu einer begründeteren Gestaltung planmethodischer Forderungen an die Zielformulierung beitragen und eröffnet damit auch Möglichkeiten, der Unbestimmtheit der Zielangaben Rechnung zu tragen.

Zu B:

Bei gegebenem Problem ist es nur mit einer gewissen Sicherheit möglich, daß eine ausgewählte oder entwickelte *Methode zur Lösung des betrachteten Problems* führt. Unter Berücksichtigung des gegebenen Kenntnisstandes gibt es eine Menge methodischer Vorgehensweisen, die mit unterschiedlicher Sicherheit zur Lösung des Problems beitragen.

Dieser Situation kann dadurch Rechnung getragen werden, daß eine parallele Methodenanwendung erfolgt oder auf andere Weise die Methodeneignung untersucht wird, bis die gewonnenen Erfahrungen für eine bestimmte Methode sprechen. In ähnlicher Weise kann bei Anwendung lediglich einer Methode diese gewechselt werden, wenn die Ergebnisse ihre Unzulänglichkeit hinsichtlich der Zielrealisierung andeuten.

In diesem Zusammenhang sind für die Planungs- und Forschungspraxis Möglichkeiten der Bewertung von Methoden bezüglich ihrer Eignung (Wahrscheinlichkeit, mit der sie das Ziel realisieren) von erheblicher Bedeutung. Die Arbeiten von Heitsch[49] und Stöber[50] liefern erste Ansatzpunkte

[49] Vgl. W. Heitsch: Induktive Methoden der Hypothesenbestätigung, a. a. O.
[50] Vgl. P. Stöber: Über den Erwartungswert von Experimenten, in: Problem und Methode in der Forschung, hrsg. von H. Parthey, Berlin 1977.

in dieser Hinsicht, wenngleich sich die Ergebnisse nur auf eine sehr beschränkte Anzahl von Fällen anwenden lassen.

Die Unbestimmtheit bei der Zuordnung Problem – Methode kann auch darin zum Ausdruck kommen, daß keine Vorgehensweise bekannt ist, die dem angestrebten Ziel entspricht, so daß im Prozeß der Zielrealisierung auch das entsprechende methodische Vorgehen erst entwickelt werden muß. Damit verbunden ergibt sich an die Wissenschaft die Forderung, ständig die methodischen Möglichkeiten zur Bearbeitung einer breiten Zielspanne zu sichern, wobei erschwerend hinzukommt, daß die künftigen konkreten Ziele noch nicht bekannt sind. Methodentheoretische Untersuchungen zum Verhältnis von theoretisch fundierter Erkenntnis und methodischen Möglichkeiten sowie beider Wechselwirkungen im Verlauf der Wissenschaftsentwicklung können daher für die Planung besonders wichtige Hinweise erbringen.

Zu C:

Ausgehend davon, daß die nichtfunktionelle Zielkomponente in Forschungstätigkeiten bei ihrem Beginn notwendig Problemcharakter besitzt, ergibt sich die Schlußfolgerung, daß ebenfalls im Rahmen der *Zuordnung des Problems zu metrischen Charakteristika des Forschungsprozesses* (Aufwand, Zeit, Nutzeffekt u. a.) Unbestimmtheiten auftreten. So kann beispielsweise nicht mit Sicherheit davon gesprochen werden, daß ein Problem mit einem bestimmten Mittelaufwand und unter bestimmten Zeitbeschränkungen gelöst werden kann.

Eine Möglichkeit, dieser Unbestimmtheit in der Planung Rechnung zu tragen, besteht in der Anwendung von Toleranzen und Wahrscheinlichkeitsangaben bei der Planung der verschiedenen Kennziffern des Forschungsprozesses, z. B. für die Zeit- und Kostenplanung und die Bestimmung des Nutzeffektes. Eine wesentliche Grundlage für die Anwendung von Toleranzen besteht in der Kenntnis der Genauigkeit der einzelnen Planangaben wie auch in der Abhängigkeit dieser Genauigkeiten von Klassifizierungsmerkmalen der Themen (Laufzeit, Zielklassifikation, Neuheitsgrad, Grad der Fundamentalität u. ä.).

In eigenen Untersuchungen abgelaufener Entwicklungsarbeiten konnte beispielsweise eine Abhängigkeit der Genauigkeit bestimmter Planangaben von der Laufzeit der Themen festgestellt werden.[51] Gontscharuk und Winogradow weisen darauf hin, daß die Exaktheit der wissenschaftlichen Voraussicht – und damit auch die mögliche Genauigkeit der Planung – nicht zu trennen ist von der Zeitspanne zwischen einer Vorhersage und dem Eintreten

[51] Vgl. D. Friederichs: Zum Problem von Unbestimmtheit und Risiko in der Forschung. Studien und Forschungsberichte des Instituts für Wissenschaftstheorie und -organisation der AdW der DDR 7/1975, S. 28ff.

der vorhergesagten Erscheinung.[52] Diese Wechselbeziehung zeigte sich in der vorgenommenen Analyse (Entwicklungsthemen) dahingehend, daß – bei vergleichbaren Forschungsgegenständen – die Genauigkeit der Zeit- und Kostenplanung mit wachsender Laufzeit der Themen abnahm; Pläne für Themen, deren Bearbeitung einen langen Zeitraum erforderte, wiesen eine geringere Genauigkeit auf gegenüber jenen Themen, deren Bearbeitung lediglich einen kurzen Zeitraum verlangte.[53] Die quantitative Bestimmung dieses Zusammenhangs, die realisiert werden konnte, bietet dann die Möglichkeit, für künftige Themen die Genauigkeit der Planangaben näherungsweise zu ermitteln, womit gleichzeitig die Voraussetzungen für die Ableitung von Plankorrekturen und für die Bestimmung notwendiger Toleranzen gegeben sind (vgl. Anmerkung 51).

Eine weitere Möglichkeit, Zusammenhänge zwischen Unbestimmtheiten dieser Gruppe und spezifischen Themencharakteristika aufzuzeigen, besteht in der Untersuchung der Abhängigkeit dieser Unbestimmtheiten vom Problem- bzw. Zieltyp oder von den Proportionen zwischen den verschiedenen Problem- und Zieltypen innerhalb komplexer Themenstellungen.

Dabei deutet eine erste Analyse eines Komplexthemas der Grundlagenforschung insbesondere auf die Anwendbarkeit der bereits genannten Zielklassifikation hin.

Am Beispiel des untersuchten Komplexthemas der Grundlagenforschung soll zumindest auf die Möglichkeit einer Korrelation zwischen Zielklassifizierung und Genauigkeit der Planangaben (am Beispiel der Bearbeitungskosten) hingewiesen werden (siehe Abbildung 5).

Diese Gegenüberstellung von Zielcharakter und Genauigkeit deutet möglicherweise einen Weg an, in der Grundlagenforschung ähnliche Korrelationen zwischen Themenmerkmalen und der Genauigkeit einzelner Planangaben zu erreichen wie in Untersuchungen von Entwicklungsthemen. Sie könnte damit auch einen weiteren Ausgangspunkt für die Ermittlung von Korrekturen und Toleranzen bilden. Durch weitere umfassende Analysen müssen diese Möglichkeiten näher geprüft werden.

In Entsprechung zu Gontscharuk und Winogradow weist eine Betrachtung der Abhängigkeit der Planungsgenauigkeit (am Beispiel der Bearbeitungskosten) vom Planungs- bzw. Vorhersagezeitraum darauf hin, daß hier ebenfalls die Genauigkeit mit wachsendem Zeitraum abnimmt. In Verbindung damit unterstreichen die durchgeführten Untersuchungen in der Grundlagen-

52 Vgl. S. I. Gontscharuk und W. G. Winogradow: Gesetze der Gesellschaft und wissenschaftliche Voraussicht, Berlin 1974, S. 42.

53 Die Voraussetzung *vergleichbarer* Forschungsgegenstände oder -themen muß gegeben sein; denn beispielsweise kann schon a priori eine etwa gleiche Genauigkeit der Pläne angenommen werden, wenn es um vergleichende Untersuchungen an biologisch unterschiedlich lange bis zur Reife wachsenden Pflanzen geht, wobei die Untersuchungsdauer sich hier unterscheidet.

Zeit nach Beginn der Forschungsarbeiten [a]	0	1	2	3	4	5
Genauigkeit %	62	-	62	88	100	100
Gruppe b Anteil %	91	-	88	80	69	50
Gruppe c Anteil %	9	-	12	20	31	50

Es ergibt sich folgendes Bild:

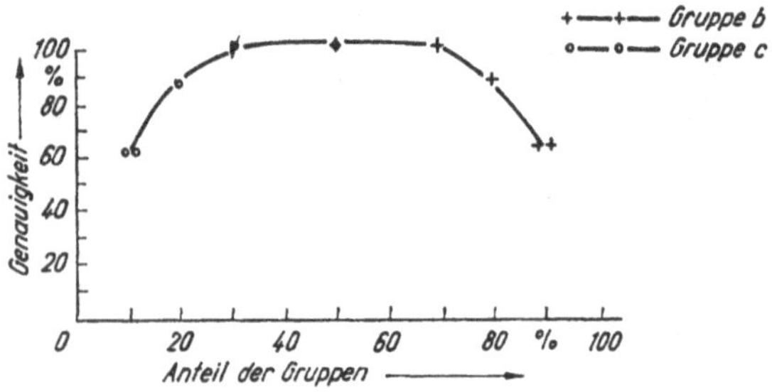

Abb. 5: Plangenauigkeit in Abhängigkeit vom Zieltyp

forschung die Forderung nach einer der Spezifik der Forschung allgemein und der jeweiligen Themenstellung insbesondere adäquaten Konkretheit, Detailliertheit und Genauigkeit der Planangaben (z. B. Kosten, Nutzeffekt). Es muß in diesem Zusammenhang einfach als unsinnig bezeichnet werden, daß für Themen, die über einen Zeitraum von 7 Jahren bearbeitet werden, die Kosten im ersten Jahr bei Millionenbeträgen bis auf tausend Mark genau geplant werden und sich andererseits herausstellt, daß diese Plankosten letztlich nur zwei Drittel der wirklich erforderlichen Mittel darstellen.

Für die Realisierung einer den Unbestimmtheiten des hier betrachteten Bereiches gerecht werdenden Planung sind aus der Sicht der Planungspraxis u. a. folgende Fragen zu beantworten:

- Welche Forderungen werden gegenwärtig hinsichtlich Konkretheit der Planangaben gestellt? Sind diese Forderungen unter dem Gesichtspunkt wirksamer Nutzung im Leitungsprozeß ausreichend begründet?
- Inwieweit können diese Forderungen zufriedenstellend erfüllt werden?
- Mit welcher Genauigkeit wurden in den zurückliegenden Jahren die Planangaben ermittelt?
- Welche Faktoren führten zu Genauigkeitsänderungen?
- Zu welchen Themenmerkmalen können Korrelationen der Genauigkeit hergestellt werden?

Eine Möglichkeit, Kenntnisse über das Unbestimmtheitsverhalten allgemein und damit auch Ansatzpunkte zur Beantwortung der genannten Fragen zu gewinnen, besteht in der Analyse abgelaufener Forschungsthemen. Entsprechende Untersuchungen in der Industrie (Entwicklungsarbeiten) wie auch erste Analysen an Forschungseinrichtungen der Akademie (Grundlagenforschung) sprechen für eine Relevanz derartiger Untersuchungen.

Dabei stellt sich insbesondere die Frage, inwieweit bzw. auf Grund welcher Zusammenhänge die Ergebnisse einer Analyse abgelaufener Forschungsthemen bei der Planung künftiger Themen Anwendung finden können.

Die Anwendbarkeit der Ergebnisse einer Analyse bereits beendeter Forschungsthemen ergibt sich aus der Abhängigkeit der Unbestimmtheit von spezifischen Themenmerkmalen (z. B. Laufzeit der Themen, Schwierigkeitsgrad, Neuheitsgrad), wobei die einzelnen Unbestimmtheiten durch verschiedene Größen charakterisiert werden können (Genauigkeit der Planangaben, Wahrscheinlichkeit der Übereinstimmung bestimmter Größen, Angaben mit differenzierten Toleranzbereichen). Die Analyse abgelaufener Themen erlaubt weiterhin das Erkennen von Unbestimmtheitsquellen und schafft somit eine weitere wichtige Grundlage für die Reduzierung der Unbestimmtheiten und ihre Berücksichtigung im Planungsprozeß. Dabei muß gleichzeitig darauf aufmerksam gemacht werden, daß die Anwendung dabei erzielter Resultate – etwa zu bestimmten Genauigkeitswerten – nicht daran vorbeigehen darf, daß sich derartige Abhängigkeiten auch ändern und zwar mit den Veränderungen in Zielstellung, Problemfeld, Erkenntnisstand, gesellschaftlichen Anforderungen, Bedingungen etc. Das führt zu der Notwendigkeit einer fortschreitenden Erfassung, einer Aktualisierung der Ermittlungen der Unbestimmtheiten.

3.4. Zusammenfassung

1. Die Forschungsplanung ist mit dem Widerspruch konfrontiert, daß auf der einen Seite die Bedeutung der Wissenschaft und damit die Notwendigkeit ihrer Planung im Sozialismus ständig wächst, auf der anderen Seite jedoch die gesetzmäßigen Zusammenhänge der Wissenschaftsentwicklung erst ungenügend bekannt sind. Die Einsicht in diesen Widerspruch macht es gleichzeitig erforderlich, den bisher erreichten Entwicklungsstand der Erkenntnis von Gesetzmäßigkeiten der Wissenschaftsentwicklung zu analysieren, um Ansatzpunkte für die Qualifizierung der Forschungsplanung zu erhalten.

2. Die bisherigen Erkenntnisse liefern bereits wesentliche Ansatzpunkte für die weitere theoretische Arbeit und einige Hinweise für die praktische Nutzbarmachung in der Forschungsplanung. So wurde der Nachweis erbracht, daß die Wissenschaftsentwicklung ein dialektischer Prozeß ist, in dem die dialektischen Grundgesetze in spezifischer Form wirken. Damit sind theoretische Voraussetzungen geschaffen, um die sich gegenwärtig vollziehenden Wissenschaftsprozesse zu verstehen, die durch den Übergang von der vorwiegend extensiven zu der immer mehr intensiven Entwicklungsphase gekennzeichnet sind.

3. Eine wesentliche theoretische Voraussetzung für die Qualifizierung der Forschungsplanung ist der Nachweis des gesellschaftlichen Charakters der Wissenschaft und ihrer Entwicklungsgesetze. Die grundlegenden Gesetze der Wissenschaftsentwicklung sind Gesetze von Zusammenhängen zwischen der Wissenschaft und den anderen Bereichen der Gesellschaft, insbesondere der Produktion materieller Güter als ihrem fundamentalen Bereich. Die Erfassung der Einheit von Bedürfnissen der gesellschaftlichen Praxis und innerwissenschaftlicher Entwicklung ist die grundlegende Voraussetzung für die Prognostizierung und Planung der Wissenschaft.

Während die praktischen gesellschaftlichen Bedürfnisse bereits relativ klar herausgearbeitet sind, ist die Erfassung der innerwissenschaftlichen Faktoren und ihres Zusammenhangs mit den Bedürfnissen der Praxis noch ungenügend theoretisch fundiert. Von der Sowjetwissenschaft ist eine ganze Reihe von theoretischen Ansatzpunkten geschaffen worden, die es weiter auszubauen und für die Forschungsplanung nutzbar zu machen gilt.

4. Eine wesentliche Seite der theoretischen Widerspiegelung des gesellschaftlichen Charakters der Wissenschaft betrifft die Erfassung des Zusammenhangs von gesellschaftlichen Gesetzen und menschlichem Handeln. Ihre Konsequenz für die Wissenschaftsplanung besteht vor allem darin, daß die Wissenschaftsentwicklung kein linearer Prozeß ist. Sie wird durch das Handeln der Menschen in Abhängigkeit von den konkreten Bedingungen in unterschiedlicher Weise verwirklicht. Es ist erforderlich, die Bedingungen der Wissenschaftsentwicklung gründlich zu erfassen und sie in der Forschungsplanung zu berücksichtigen.

5. Da die Forschung eine spezifische gesellschaftliche Tätigkeit zum Hervorbringen und anwendbaren Aufbereiten von gesellschaftlich neuem Wissen ist, resultieren aus dieser Spezifik Unbestimmtheiten im Vollzug des Forschungsprozesses, die sich letztlich auch in der Planung widerspiegeln müssen. Eine zusammenhängende Betrachtung der nichtforschungsspezifischen und der forschungsspezifischen Unbestimmtheiten ist wichtige Voraussetzung für eine wirkungsvolle Berücksichtigung und gegebenenfalls Reduzierung der Unbestimmtheiten. Dabei wird die Unbestimmtheit als eine Eigenschaft des Forschungsprozesses aufgefaßt, die mit dem Vorhandensein von Möglichkeitsfeldern im Vollzug des Erkenntnisprozesses verbunden ist. Sie führt zu der Unmöglichkeit, das Eintreten der mit der Realisierung des Erkenntnisprozesses verbundenen Ereignisse eindeutig vorhersagen zu können. Sie wird bedingt

- durch die Funktion des Menschen als Wirkungsbedingung und Handlungssubjekt im Vollzug gesellschaftlicher Gesetze,
- durch die unterschiedlichen Bedingungen und Voraussetzungen für die Durchsetzung und Ausnutzung der objektiven Gesetze,
- durch die Dialektik von Erkanntem und noch nicht Erkanntem im Bereich des Erkenntnisobjekts wie auch im Bereich der Entwicklungsgesetze der Wissenschaft, damit verbunden auch durch die komplizierte Wechselwirkung von Notwendigkeit und Zufall im Erkenntnisprozeß.

6. Mit dem Ziel, den Unbestimmtheitscharakter der Forschung in den Prinzipien und Methoden der Forschungsplanung zu berücksichtigen, werden anhand von drei Bereichen des Auftretens von Unbestimmtheiten (nämlich Unbestimmtheiten der Problem- und Zielstellung, beim methodischen Vorgehen sowie bei der Zuordnung von Problem und metrischen Charakteristika des Forschungsprozesses) Anwendungsmöglichkeiten und -voraussetzungen des Prinzips der Planpräzisierung und von Toleranz- bzw. Wahrscheinlichkeitsangaben diskutiert. Dabei ergibt sich insbesondere auch die Forderung nach einer themenspezifisch differenzierten Berücksichtigung der Unbestimmtheiten. Um Kenntnisse über das Unbestimmtheitsverhalten zu erlangen – als Voraussetzung entsprechender Folgerungen für die Planung –, sind Analysen abgelaufener Forschungsthemen eine geeignete Quelle. Auf das Fehlen einer derartigen kontinuierlichen Analysentätigkeit kann wenigstens zum Teil zurückgeführt werden, daß gegenwärtig erst Anfänge einer Berücksichtigung der Unbestimmtheiten in der Planung bestehen.

4. Grundlagen und Möglichkeiten der Gestaltung von Zielsetzungsprozessen – insbesondere als Teil der Prognosetätigkeit

In dem Maße, wie die Forschung in den gesellschaftlichen Reproduktionsprozeß integriert wird, wie die Resultate der Erkenntnistätigkeit immer mehr zur notwendigen Voraussetzung des praktischen Handelns in den verschiedenen Bereichen der Gesellschaft werden, erhöhen sich die Anforderungen an die Planung von Forschungstätigkeiten und dabei besonders auch an die Zielbestimmung. Dazu ist u. a. erforderlich, die der Forschungstätigkeit eigenen Reproduktionsmerkmale, wie sie z. B. in der dialektischen Aufhebung und Relativierung des gesicherten Wissens, in den Besonderheiten der Distribution und Konsumtion wissenschaftlicher Erkenntnisse, in der Mehrfachnutzung der Erkenntnisse u. a. m. zum Ausdruck kommen, zu untersuchen und bewußt zu nutzen.

Obwohl die theoretische Erkenntnis der Wissenschaft als Teilbereich der sozialistischen Gesellschaft noch nicht soweit fortgeschritten ist wie die der materiellen Produktion, läßt sich eine hinreichende Lösung dieser Aufgabe der Planungsforschung nur dann erreichen, wenn man eine von E. Honecker formulierte Prämisse auf die Wissenschaftpolitik und -planung anwendet: „Den langfristig stabilen wirtschaftlichen Aufstieg aber, bei dem ein erfolgreicher Schritt den nächsten vorbereitet, bei dem jeder Schritt die dem Sozialismus eigenen Kräfte und Vorzüge immer vollkommener zur Geltung und Wirkung bringt, kann nur eine Politik bewerkstelligen, die sich von den objektiven Gesetzen herleitet, welche dem gesellschaftlichen Prozeß zugrunde liegen. Das kann nur eine tief von der ökonomischen Theorie durchdrungene Praxis leisten.“[1]

Unter Berücksichtigung des in den vorherigen Kapiteln genannten Entwicklungsstandes der Gesetzeserkenntnis lassen sich besonders folgende Anforderungen an das Prognostizieren und Planen von Forschungszielen bestimmen:

1. Der Determinationszusammenhang von gesellschaftlicher Praxis und Forschung sollte in seiner vielstufigen Vermittlung reproduzierbar und damit iterativ präzisierbar erfaßt werden.

[1] E. Honecker: Fragen von Wissenschaft und Politik in der sozialistischen Gesellschaft, Berlin 1972, S. 9.

2. Das Feld möglicher Ziele für bestimmte Forschungstätigkeiten sollte in Erkenntnistiefe und -breite diesem Zusammenhang adäquat, d. h. entwicklungsfähig, aber endlich begrenzt sein (wobei Vereinfachungen und Weglassungen begründet und angegeben werden müssen).

3. Die Kriterien zur Bewertung der gesellschaftlichen Lösungsnotwendigkeit einerseits und der Lösungswahrscheinlichkeit andererseits umfassen sowohl politische, ökonomische und soziale wie spezifische innerwissenschaftliche Wechselbeziehungen. Bei ihrer Festlegung und Anwendung ist die Einheit von Wissenschaftlichkeit und Parteilichkeit primär und die Formalisierung der Entscheidungsverfahren sekundär.

4. Die Zielableitung muß in erster Linie von den möglichen Funktionen, die realisierte Ziele ausüben können oder sollen, ausgehen. Dabei sollten nicht nur mögliche erwünschte und ungewollte Ergebnisse berücksichtigt werden, sondern es sind auch „Nebenresultate“ (z. B. methodischer Fortschritt, weltanschauliche Konsequenz naturwissenschaftlicher Forschung u. a. m.) zu beachten.

5. Die Verbindung gesellschaftlicher und persönlicher Interessen sollte durch die Einsicht in den und die Beteiligung am Prozeß der Zielableitung und -setzung ermöglicht und damit die schöpferische Aktivität der Forscher stimuliert werden.

Damit können günstige Bedingungen für die Nutzung der Prognoseaussagen zur Ausarbeitung langfristiger Pläne und Programme geschaffen werden. Diese Gesichtspunkte verdienen auch Berücksichtigung bei der Präzisierung der Zielstellungen von bereits in Realisierung befindlichen Forschungsthemen. Bedeutsam in diesem Zusammenhang ist, daß die Wissenschaftlichkeit der Prognoseaussagen über Ziele zukünftiger *Forschungs*tätigkeit nicht an der Vorwegnahme des Forschungsresultats gemessen wird, sondern an ihrem kognitiven Beitrag zur Problemerkennung und -formulierung. Das wissenschaftlich formulierte Forschungsproblem verbindet Gegenwart und Zukunft im Reproduktionsprozeß der Forschung. Es löst die Zuordnung von Forschungspotential aus und bildet damit ein Kettenglied bei der Planung von Ziel-Mittel-Systemen.

Der zukünftige Forschungsprozeß baut auf gegenwärtig vorhandenem gesichertem Wissen auf. Dazu gehören auch die methodischen Kenntnisse und entsprechenden Instrumentarien, die bei der Anwendung zur Erkenntnis neuen Wissens schöpferisch angereichert werden. Sie stellen zwar eine notwendige, aber nicht hinreichende Entwicklungsbedingung dar. Diese bildet vielmehr die subjektive Schöpferkraft des Forschers, der sein Wissen über das Nichtwissen mobilisiert und als Problem, Hypothese oder in anderen Entwicklungsformen des Wissens zum Gegenstand der Leitung und der Forschung macht.

Diese Bemerkungen weisen darauf hin, daß die Anwendung der von den Klassikern des Marxismus-Leninismus entwickelten Grundmerkmale gesellschaftlicher Zielsetzungsprozesse auf die Zielsetzung für Forschungstätigkeiten spezifische Merkmale im Vergleich zur materiellen Produktion aufweist. Es erscheint daher nützlich, kurz einige methodologische Grundlagen der Zielableitung darzustellen.

4.1. Allgemeine theoretische Aspekte des Zielsetzungsprozesses

Zielsetzungsprozesse widerspiegeln einen besonderen Zusammenhang von Objektivem und Subjektivem. Marx bestimmte die Zwecksetzung als unabdingbare Voraussetzung und als Wesensmerkmal menschlicher Tätigkeit im Stoffwechsel Mensch – Natur.[2] „Die Zwecke der Menschen scheinen anfangs in der Beziehung zur Natur fremd ('andere') zu sein", schreibt Lenin in Betrachtungen zur Hegelschen Dialektik von Natur und Bewußtsein. Und er fährt fort: „Das Bewußtsein des Menschen, die Wissenschaft ('der Begriff'), widerspiegelt das Wesen, die Substanz der Natur, zugleich aber ist dieses Bewußtsein ein äußerliches in seiner Beziehung zur Natur (das mit ihr nicht sofort, nicht einfach zusammenfällt)."

Die Hegelsche Terminologie benutzend, bezeichnet er „die Natur (mechanische und chemische) und die *zweck*setzende Tätigkeit" als „Formen des *objektiven* Prozesses"[3]. Wesentlich für die Methodologie des Zielsetzungsprozesses ist seine Schlußfolgerung: „In Wirklichkeit werden die Zwecke des Menschen durch die objektive Welt erzeugt und setzen diese voraus – finden sie als Gegebenes, Vorhandenes vor. Aber dem Menschen *scheint* es, daß seine Zwecke von außerhalb der Welt stammen, von der Welt unabhängig sind ('Freiheit')."[4] Daraus folgt für die allgemeine Charakterisierung der Zielsetzungsprozesse:

1. Zielsetzung erfordert objektiv Gegebenes und Kenntnisse darüber.

2. Ziele als Bewußtseinsinhalt widerspiegeln Änderungsmöglichkeiten des objektiv Gegebenen durch menschliches Handeln. Ziel und objektives Resultat des Handelns sind daher weder vor der Handlungsausführung noch nach ihr identisch. Die ideelle Vorwegnahme bzw. retrospektive Darstellung des Resultats durch Ziele sind abstrakt, d. h. sie erfassen nicht alle Seiten und Beziehungen des objektiven Resultats.

3. Zum Zusammenfallen des (begrifflichen, ideell vorgestellten) Zieles mit dem (gewünschten) Resultat kommt der Mensch „durch seine Praxis", welche „die objektive Richtigkeit seiner Ideen, Begriffe, Kenntnisse, seiner Wissenschaft beweist"[5].

[2] K. Marx: Das Kapital, Erster Band, in: MEW, Bd. 23, Berlin 1962, S. 193.
[3] W. I. Lenin: Konspekt zu Hegels „Wissenschaft der Logik". Die subjektive Logik oder die Lehre vom Begriff, in: Philosophische Hefte, Berlin 1971, S. 178.
[4] Ebenda, S. 179.
[5] Ebenda, S. 181.

4. Die wissenschaftliche Ableitung und Begründung hebt den subjektiven Charakter des Ziels nicht auf, auch wenn als Handlungssubjekt die Arbeiterklasse oder z. B. die sozialistische Forschung als ihr Erkenntnissubjekt fungiert. Durch wissenschaftliche Begründung wird eine relativ – am Zweck der Leitung gemessene – hinreichende aber nicht vollständige Voraussicht der kausalen Beziehungen erreicht, die beim Übergang der Gesellschaft von einem Zustand A_0 zum Zeitpunkt t_0 zu einem erwünschten und zielstrebig realisierbaren Zustand A_1 zum Zeitpunkt t_1 auftreten. Das betrifft im Planungsprozeß besonders die Kopplung von Nah- und Fernwirkungen, Haupt- und Nebenwirkungen, erwünschten und unerwünschten Wirkungen als Folge des In-Bewegung-Setzens gesellschaftlicher Ursachen in Form zweckmäßiger gesellschaftlicher Tätigkeiten.

Unter Ausnutzung von Gesetzeswissen im Zielsetzungsprozeß kann man demgemäß mindestens zwei voneinander zu unterscheidende Sachverhalte einordnen:

1. Ausnutzung von Gesetzeswissen und Wissen anderer (Widerspiegelungs-) Qualität zur schöpferischen Ausarbeitung von ideellen Vorstellungen über mögliche, noch nicht existierende Bedingungen und Zustände im Stoffwechsel Mensch – Natur und der adäquaten gesellschaftlichen Verhältnisse.

2. Ausnutzung von Gesetzeswissen zur rationalen Begründung gesellschaftlicher Urteile und Entscheidungen über die Realisierbarkeit von als gesellschaftlich notwendig erkannten Zwecken, Bedingungen und Zuständen.

Diese Differenzierung wird als notwendig erachtet, um den Charakter des Zielsetzungsprozesses als aktive Beziehung zwischen dem gesellschaftlichen Überbau und der sozial-ökonomischen Basis der Gesellschaft zu verwirklichen.

Für prognostisch vorzubereitende (Plan-) Entscheidungen über Ziele der Entwicklung der Forschung gilt daher uneingeschränkt, „daß schöpferische Lösungen für die jeweils neu heranreifenden Fragen beim Aufbau des Sozialismus nur von der Gesamtposition des Marxismus-Leninismus aus möglich sind. Damit wird natürlich nicht etwa einer Geringschätzung der jeweiligen Fachwissenschaften das Wort geredet, die uns wichtige und unentbehrliche Dienste leisten. Aber ihrem Wesen nach hat die Führungstätigkeit der Partei (und ihrem Wesen nach auch die *staatliche* Leitungs- und Planungstätigkeit – *G. L.*) politischen Charakter und kann darum nicht auf der Grundlage ausschließlich dieser oder jener Fachwissenschaft erfolgen“[6]. Das bestimmt auch die Funktion von Gesetzeswissen über die Wissenschaft (gewissermaßen als disziplinäres Fachwissen) bei der Prognostizierung und Planung von Forschungstätigkeiten. „Das In-Beziehung-setzen-Können der verschiedenartigsten Erkenntnisse in bezug auf ein Subjekt macht das Schöpfe-

[6] E. Honecker: Fragen von Wissenschaft und Politik in der sozialistischen Gesellschaft, a. a. O., S. 5.

rische in der Anwendung von Erkenntnissen aus. Nur dadurch werden Handlungsanweisungen ermöglicht, die dem Subjekt, seinen Mitteln und dem Objekt des Handelns gleicherweise gerecht werden."[7]

Die unter logisch konsistenter Nutzung von Gesetzeswissen ausgearbeitete Prognoseaussage über zukünftig *mögliche* Forschungsziele ist nicht mit dem *gesetzten* Planziel zu verwechseln. Die Festlegung der Ziele einer Hauptforschungsrichtung (oder auch eines Primärkollektivs der Forschung) ist eine wissenschaftspolitische Aufgabe, zu deren Lösung die Planung und – als deren Teil – Prognostizierung dienen.

In der Planungspraxis besteht der Endzweck des Zielbestimmungsprozesses in der *Setzung von realisierbaren Zielen*, d. h. in der Ermittlung und Festlegung einer zueinander adäquaten Ziel-Mittel-Relation. Um eine Planentscheidung über Ziele treffen zu können, muß ein rationales „inneres" Modell der zukünftigen Handlungsmöglichkeiten in einer Form vorliegen, die eine Bewertung der einzelnen Elemente zielstrebiger menschlicher Tätigkeit und ihrer Strukturbeziehungen, der Input-Output-Relationen der Tätigkeit usw. im Vergleich mit anerkannten gesellschaftlichen Normen und Werten ermöglicht. Das Resultat des Prognostizierens als Beitrag zum Zielsetzungsprozeß (wodurch die Planentscheidung mit vorbereitet wird) ist ein System miteinander verbundener Zielvarianten und Teilziele. Systembestimmend wirken dabei sowohl vom Objekt wie vom Subjekt einer Forschungstätigkeit ausgehende Relationen.

Von den oben dargelegten Leninschen Grundbestimmungen ausgehend, schreibt Kopnin: „In der Idee wird das Objektive auf das Niveau der Ziele und Bestrebungen des Subjekts gehoben, das geschaffene objektiv wahre Bild wird zu seinem inneren Bedürfnis, zu dem, was es durch seine praktische Tätigkeit der Welt als Beitrag geben soll."[8] Ein objektiv wahres Bild (Modell) der Änderungsmöglichkeiten der objektiven Realität kann demgemäß nur dann als Ziel bezeichnet und gesetzt werden, wenn es zum inneren Bedürfnis eines gesellschaftlichen, zum Handeln fähigen Subjekts geworden ist.

Handlungsfähige gesellschaftliche Subjekte sind differenziert und spezialisiert arbeitsteilig zusammenwirkende Subjekte, die spezifische, unterscheidbare Funktionen des gesellschaftlichen Gesamtarbeiters ausüben. Daraus resultieren zahlreiche Varianten der Ziele entsprechend der Abgrenzung und Organisation des Handlungssubjekts. Da jedes Subjekt aber nur entsprechend seiner Stellung im System der Arbeitsteilung und seinen spezifischen Fähigkeiten in der Lage ist, auf ein bestimmtes Handlungs-

[7] D. Wittich: Über den Zusammenhang von Erkenntnis, Handlungsanweisung und Tätigkeit, in: Deutsche Zeitschrift für Philosophie 7/1974, S. 837.

[8] P. W. Kopnin: Das System der Theorien. Die Wissenschaft als angewandte Logik, in: Logik der wissenschaftlichen Forschung, hrsg. von P. W. Kopnin und M. W. Popowitsch, Berlin 1969, S. 386.

objekt methodisch geleitet, zielstrebig einzuwirken, geht von der wissenschaftlichen Bestimmung möglicher Zuordnungen von Handlungsobjekten und -subjekten ebenfalls eine objektive variierende Wirkung auf Struktur und Hierarchie einer Zielgesamtheit aus.

Da ein Ziel oder Zielsystem zunächst ein „rein" gedankliches Gebilde ist, bleibt es als Resultat gedanklicher Operationen ferner nicht unbeeinflußt vom Denkprozeß selbst, der Art und Weise des analytischen und synthetischen Vorgehens, der Abstraktion und Verallgemeinerung, der Bewertung und Auswahl. Diese Quellen der Variabilität gilt es reflektierbar und reproduzierbar im Zielsetzungsprozeß mit zu erfassen, da die iterative Verbesserung eines Zielsystems während des Übergangs vom subjektiven Zweck zum objektiven Resultat oft bereits durch die bessere Beherrschung des gedanklichen Operierens möglich wird (und nicht ausschließlich durch Einbeziehung *neuen* Wissens über Objekte und Subjekte und sie verbindende Tätigkeitselemente).

Um die Methodologie der Leitung und Planung der sozialistischen Gesellschaft theoretisch so zu fundieren, wie es der gegenwärtigen Entwicklungsetappe der sozialistischen Gesellschaft entspricht, widmen sich sowjetische Philosophen und Ökonomen theoretischen Fragen sowohl zur Nutzung der Möglichkeiten, die sich aus der schnellen Entwicklung der materiell-technischen Basis des gesellschaftlichen Handelns ergeben, wie zur Verwirklichung der zunehmenden Bedeutung des subjektiven Faktors.[9]

Die Nutzung solcher allgemeiner Erkenntnisse, z. B. über die Beherrschung von Gesamtheiten von Gesetzen[10] oder über die Realisierung von Prinzipien der wissenschaftlichen Voraussicht[11], kann im Rahmen der Planung der Forschung nur in dem Maße erfolgen, wie die Erkenntnis der Gesetze der Wissenschaftsentwicklung selbst fortschreitet. Man kann die dadurch z. Z. gesetzten Beschränkungen des theoretischen Denkens nicht willkürlich beseitigen.

[9] Vgl. dazu u. a. S. I. Gontscharuk und W. G. Winogradow: Gesetze der Gesellschaft und wissenschaftliche Voraussicht, Berlin 1974; I. D. Jermolajew: Objektive Gesetze und wissenschaftliche Leitung der Gesellschaft, Berlin 1973; A. Paschkow: Über den Mechanismus der Ausnutzung der ökonomischen Gesetze im Sozialismus, in: Sowjetwissenschaft, Gesellschaftswissenschaftliche Beiträge 6/1973, S. 580–592; G. M. Dobrov: Allgemeine Prinzipien der Wissenschaftsleitung, in: Leitung der Wissenschaft, Berlin 1974; W. Kelle: Die Rolle der Gesellschaftswissenschaft bei der Leitung sozialer Prozesse, in: Sowjetwissenschaft, Gesellschaftswissenschaftliche Beiträge 10/1974, S. 1009–1020.

[10] Vgl. I. D. Jermolajew: Objektive Gesetze und wissenschaftliche Leitung der Gesellschaft, a. a. O., S. 146.

[11] Vgl. S. I. Gontscharuk und W. G. Winogradow: Gesetze der Gesellschaft und wissenschaftliche Voraussicht, a. a. O., S. 100ff.

Um solche Ziele abzuleiten und zu setzen, die die Forschung gesellschaftlich wirksam machen, kann man sich jedoch auch heute nicht allein auf die Erhöhung der Produktion neuen Wissens beschränken, sondern muß im Planungsprozeß (zumindest empirisch) die Verteilungs- und Aneignungsprozesse der Forschungsprodukte mit berücksichtigen. Um dieser Anforderung im Zielsetzungsprozeß für Forschungstätigkeiten minimal zu entsprechen, soll versucht werden, wenigstens über den Bezug von praktischen (Entwicklungs-) Problemen und Forschungsproblemen die Schaltstellen im gesellschaftlichen Reproduktionsprozeß anzudeuten, an denen die Übergänge von der materiellen Praxis zur Forschung und zurück zur Praxis notwendig erfolgen müssen. Darin einzuschließen sind solche innerwissenschaftlichen Übergänge wie Forschung – Lehre, Grundlagenforschung – angewandte Forschung, Forschung – Konstruktion/Projektierung usw., über die u. a. Forschungsresultate aus ideellen in personelle und materielle Mittel der praktischen Tätigkeit umgesetzt werden.

Unter den Äußerungen der Klassiker des Marxismus-Leninismus zur Zielsetzung sind auch solche zu finden, die vor einer Überschätzung der Möglichkeiten der Perfektionierung wissenschaftlicher Voraussicht gewollter Wirkungen menschlichen Handelns warnen. So schrieb Engels vor rund 100 Jahren: „Hat es aber schon die Arbeit von Jahrtausenden erfordert, bis wir einigermaßen lernten, die entferntern *natürlichen* Wirkungen unsrer auf die Produktion gerichteten Handlungen zu berechnen, so war dies noch weit schwieriger in bezug auf die entfernteren *gesellschaftlichen* Wirkungen dieser Handlungen.“[12] Nicht nur in der Beachtung der philosophisch-erkenntnistheoretischen Grundlagen, sondern auch dieser historischen Erfahrung wird ein zweckmäßiger Weg gesehen zur Ausarbeitung von Vorschlägen für Zielsetzungsprozesse, die auf die Lernfähigkeit der Leitungsorgane unserer Gesellschaft orientiert sind.

4.2. Spezifische Momente der prognostischen Zielableitung für Tätigkeiten im Bereich der naturwissenschaftlichen Grundlagenforschung

Ziele für die Grundlagenforschung zeichnen sich in besonderem Maße dadurch aus, daß sie zur Lösung von Erklärungsproblemen bzw. zur Bearbeitung von Problemfeldern[13], deren Kern Erklärungsprobleme sind, auffordern. Damit soll besonders die Vervollständigung vorhandener bzw. die Schaffung

[12] F. Engels: Dialektik der Natur, in: MEW, Bd. 20, Berlin 1971, S. 453.

[13] Vgl. A. Gorziza, E. Lang und W. Wächter: Problemfelder als Forschungsgegenstand. Einige Grundlagen der Analyse von Problemfeldern in der wissenschaftlichen Forschung. Studien und Forschungsberichte des Instituts für Wissenschaftstheorie und -organisation der AdW der DDR 3/1974.

neuer *theoretischer* Systeme[14] der wissenschaftlichen Erkenntnis erreicht werden. Diese Bestimmung schließt nicht aus, daß dem Endzweck, entsprechend dem Niveau des Ausgangswissens, als Zwischenziele Aufforderungen zur Lösung von Beobachtungs- und Beschreibungsproblemen zu- und vorgeordnet werden müssen.

Hinsichtlich des Beitrages der Grundlagenforschung an der Entwicklung der Wissenschaft zur unmittelbaren Produktivkraft lassen sich besonders zwei miteinander verbundene Entwicklungsrichtungen für die (naturwissenschaftliche) Grundlagenforschung bestimmen:

1. Erarbeitung neuer Erkenntnisse über neue Objekte und Objektbereiche bzw. über wesentliche neue Objekteigenschaften bereits erkannter Objekte der Natur. Insbesondere ist die Entwicklung dadurch gekennzeichnet, daß in die Tiefe der Erscheinungen zu elementaren und fundamentalen Sachverhalten vorgestoßen wird. Entsprechend dem historischen Entwicklungsstand der betreffenden Wissenschaftsdisziplin bzw. des -gebietes kann es sich um die Lösung von Beschreibungs-, Erklärungs- und theoretischen Problemen mit unterschiedlichem Abstraktionsgrad der Erkenntnisse handeln.

2. Fundamentale Veränderung der Fähigkeiten des Menschen als Handlungssubjekt, mittels der Erarbeitung neuer methodologischer und methodischer Möglichkeiten des kognitiven und praktischen Handelns zu einer neuen Qualität der Beherrschung von Naturkräften zu gelangen. Es entwickeln sich die Fähigkeiten zur Erkenntnis und Gestaltung gesellschaftlicher Verhältnisse, die einen rationalen Einsatz der Naturkräfte für die Zwecke der sozialen Entwicklung erlauben und ermöglichen.

Gewöhnlich tritt die Entwicklung der zweiten Funktion erst mehr hervor, wenn der nach *1.* gewonnene Wissensfundus bereits eine bestimmte Größe und Struktur erreicht hat. Für die Forschungsplanung ist notwendig zu wissen, in welcher Weise das Vordringen zu neuen Erkenntnissen erfolgt. Kedrov entwickelt – auf Lenins Grundgedanken aufbauend – folgendes Schema:

1. „Die Untersuchung der Erscheinungen geht der Erforschung des Wesens voraus."[15] Unter Nutzung der Einheit von Analyse und Synthese im wissenschaftlichen Denken, in der wissenschaftlichen Arbeit, führt die Erkenntnis von der lebendigen Anschauung des ungegliederten Gegenstandes über die

[14] Vgl. B. M. Kedrov: Das Verhältnis von fundamentalen und angewandten Wissenschaften, in: Sowjetwissenschaft, Gesellschaftswissenschaftliche Beiträge 6/1973, S. 646–658.

[15] B. M. Kedrov: W. I. Lenin und die dialektische Entwicklung der Naturwissenschaft, in: Dialektik in der modernen Naturwissenschaft, Materialien der II. Allunionskonferenz zu philosophischen Fragen der Naturwissenschaft, bearbeitet und herausgegeben von S. Wollgast und K.-F. Teinz, Berlin 1973, S. 160.

Aufgliederung in seine Teile zur (theoretischen) Wiederherstellung aus seinen Teilen, wobei das Wesen herausgearbeitet wird. Die Kenntnis von Steuerungs- und Regelungsmöglichkeiten objektiver Prozesse entwickelte sich z. B. von der singulären empirischen Anwendung in verschiedenen Bereichen der materiellen Produktion bis zur Erkenntnis allgemeiner Prinzipien. Allmählich erweiterte sich dadurch die Beherrschung der Naturkräfte von der Mechanik bis zur biochemischen Katalyse und auch die Gestaltung gesellschaftlicher Prozesse.

2. Die Erkenntnis des Wesens ist vielstufig. „In der modernen naturwissenschaftlichen Lehre über die Materie und ihre Struktur werden solche Ordnungen (oder Etappen) des Wesens als von der Wissenschaft erreichte Ebenen der strukturellen Organisation der Materie betrachtet.“ [16] Die Erforschung des Wesens eines der unmittelbaren Anschauung zugänglichen Makrokörpers ist mit dem Fortschreiten in folgenden Richtungen verbunden:

Richtung 1:	*Ebene:*
Makrokörper	O
Teil, Organ	N
Makromelokül, Mycel	M
Teil des Kristallgitters	L
Molekulare Ebene	K
Ion, geladene Gruppe	J
Atomare Ebene	I
Elementarteilchen	H
	usw.

Richtung 2:	*Ebene:*
Makrokörper	O
Aggregat	P
Teil der Erdrinde	Q
Teil des Planeten	R
Teil der Sonnensphäre	S
Teil der Galaxis	T
	usw.

In den verschiedenen Einzelwissenschaften sind die „Ordnungen des Wesens“ und die Richtungen der Wissenschaftsentwicklungen unterschiedlicher Art. Deshalb kann diese Ableitung nicht absolut verstanden werden. Gibt man jedoch das Bezugssystem einer solchen Ordnung mit an, dann gestattet sie Hinweise über die Richtung der Ausdehnung der Tätigkeit in einem Teilbereich der Forschung, hier z. B. in zwei Dimensionen. Das kann für eine größere Differenzierung der Aussagen über Ziele künftiger Tätigkeiten

[16] Ebenda, S. 161.

genutzt werden, ggf. auch um evolutionäre und revolutionäre Momente in der Erkenntnisentwicklung aufzuspüren. Markov[17] gibt z. B. eine Übersicht, wie in der physikalischen Forschung mit dem Vordringen vom Längenbereich 10^{-5} cm zum Längenbereich 10^{-13} cm auf der Grundlage der entdeckten physikalischen Gesetze revolutionierende theoretische Erkenntnisse und effektive Technologien möglich wurden.

Kenntnisse über die Entwicklung der methodologischen Grundlagen einer Erkenntnistätigkeit werden dabei zu einer unabdingbaren Notwendigkeit für eine erfolgreiche Prognose von Zielen. Um die Grundlagenforschung langfristig im Rahmen des gesellschaftlichen Reproduktionsprozesses zu planen, ist es notwendig, ihre „innere" Bewegung im Zusammenhang mit den praktischen Bedürfnissen der Gesellschaft systematisch zu erfassen. Forschungsprobleme werden als entscheidendes Vermittlungsglied dieses Zusammenhangs betrachtet.

Für Forschungsprobleme können zunächst mindestens zwei unterscheidbare Quellen angegeben werden. Zunächst werden in jedem Forschungsprozeß neben dem beabsichtigten Hauptresultat, der Lösung eines Erkenntnisproblems unterschiedlichen Typs, auch andere beabsichtigte und unbeabsichtigte Resultate, darunter neue Fragen und Probleme, aber auch Methoden und Fertigkeiten der Forschungstätigkeit hervorgebracht.[18] Bereits bei der Betrachtung „innerwissenschaftlicher" Reproduktionsprozesse von Problemen und Erkenntnissen treten also Auswahlfragen auf. Keinesfalls können alle möglichen Forschungsprozesse gleichzeitig durch Bearbeitung aller „selbst produzierten" Probleme fortgesetzt werden.

Zu diesen Forschungsproblemen kommen solche aus einer weiteren Quelle hinzu. Entsprechend der Dialektik der gesellschaftlichen Prozesse entstehen ständig neue Widersprüche. Die Lösung dieser Widersprüche ist Triebkraft der gesellschaftlichen Entwicklung. Mit der Entwicklung der Widersprüche entstehen auch Probleme für die Menschen als Subjekte des Handelns, die durch Bewußtwerden der Tatsache gekennzeichnet sind, daß das vorhandene Wissen nicht zur praktischen Lösung der Widersprüche ausreicht. Es wird die Produktion neuen Wissens zur bewußten und planmäßigen Fortsetzung des praktischen Stoffwechselprozesses Mensch – Natur und zur Weiterentwicklung der gesellschaftlichen Verhältnisse erforderlich. Für die Untersuchung der gesellschaftlichen Notwendigkeit der planmäßigen Reproduktion von Forschungstätigkeiten ist diese zweite Quelle von Forschungsproblemen

[17] Vgl. M. A. Markov: Die Zukunft der Wissenschaft (Ist der Bau von Beschleunigern für noch höhere Energien notwendig?). Vortrag im Vereinigten Kernforschungsinstitut Dubna, Mai 1973, in: Informationen aus Wissenschaft und Technik: Übersetzungen und Referate, AdW der DDR, Sondernummer, Juli 1973.

[18] Eine anschauliche Modellvorstellung dieses Vorgehens beschreibt G. M. Dobrow in: Prognostik in Wissenschaft und Technik, Berlin 1971, S. 67ff.

zweifellos von erstrangiger Bedeutung. Beide Quellen stehen außerdem in wechselseitigem Zusammenhang.

Um zur Zielsetzung für wissenschaftliche Tätigkeiten herangezogen werden zu können, müssen die gesellschaftlichen Probleme wissenschaftlich formuliert werden, d. h., es muß angegeben werden, von welchen bekannten wissenschaftlichen Erkenntnissen ausgegangen wird und welcher Wissensbereich zu vervollkommnen ist.[19] Probleme, die unmittelbar im Forschungsprozeß entstanden sind, haben sehr oft den Vorteil, daß sie bereits wissenschaftlich formuliert sind. Ihnen fehlt allerdings zunächst meist eine funktionelle Komponente, die die Notwendigkeit ihrer historisch-konkreten Lösung im gegebenen Entwicklungszeitraum festlegt. Im Unterschied dazu ist ein praktischer Zweck der Lösung von Erkenntnisproblemen, die aus Bedürfnissen und Erfordernissen der Gesellschaftsentwicklung abgeleitet wurden, leichter bestimmbar, während ihre wissenschaftliche Formulierung unter Umständen recht schwierig sein kann.

Die Lösung dieses spezifischen Zielsetzungsproblems für Forschungstätigkeiten wird unter dem Gesichtspunkt der Ausnutzung der doppelten Determination[20] des Erkenntnisprozesses und seiner Resultate angestrebt:

1. durch die Abhängigkeit des Denkens und des Gedachten von den objektiv existierenden Gegenständen und Sachverhalten, die sie widerspiegeln;
2. durch die Abhängigkeit des Denkens von objektiven gesellschaftlichen Prozessen und Verhältnissen, unter denen das Denken vor sich geht.

Unter den Wechselbeziehungen der Forschung (als gesellschaftlicher Erkenntnisprozeß) zu objektiven materiellen gesellschaftlichen Prozessen nimmt ihr Einfluß darauf, „daß der Sinn des Sozialismus, die Befriedigung der materiellen und geistig-kulturellen Bedürfnisse, die Formung der sozialistischen Lebensweise, praktisch realisiert werden kann"[21], den bedeutsamsten Platz ein.

In bisherigen eigenen theoretischen Untersuchungen und praktischen Anwendungen stand daher die Ableitung von Forschungszielen der Grundlagenforschung aus langfristigen (als strategische anzusehenden) Zielen der Bedürfnisentwicklung und -befriedigung im Mittelpunkt.[22] Die unter-

[19] Vgl. H. Parthey: Wege zur Formulierung von Forschungsproblemen, in: Wissenschaftliche Zeitschrift der Humboldt-Universität zu Berlin, Mathematisch-Naturwissenschaftliche Reihe 1/1973, S. 127–131.

[20] Vgl. K. Gößler: Erkennen als sozialer Prozeß, in: Deutsche Zeitschrift für Philosophie 5/1972, S. 518.

[21] H. Koziolek, E. Pasold und O. Reinhold: Die Ökonomik der entwickelten sozialistischen Gesellschaft und ihre Anforderungen an die Leitung und Planung, in: Einheit 3/1974, S. 263.

[22] Vgl. u. a. G. Lickert: Zur prognostischen Ableitung von Zielen der Grundlagenforschung, Dissertation (A), AdW der DDR, Forschungsbereich Gesellschafts-

suchten Prognosegruppen sahen sich vor die Aufgabe gestellt, wesentlich zur Präzisierung der übergreifenden gesellschaftlichen Ziele der Bedürfnisentwicklung und -befriedigung beizutragen und dazu Möglichkeiten für

- langfristige,
- gnostisch, ökonomisch, sozial und ethisch bewertbare sowie
- gesellschaftlich wirksame

Forschungsziele abzuleiten.

Die bisherige Nutzung der auf diese Weise erarbeiteten Wissenschaftsprognosen zur Leitung der Grundlagenforschung – insbesondere zur langfristigen und Fünfjahrplanung – beweist die praktische Richtigkeit der Vorgehensweise, so daß eine Verallgemeinerung der theoretischen und praktischen Resultate nützlich erscheint.

4.3. Eine Möglichkeit der Gestaltung des Zielsetzungsprozesses als Teil der Prognosetätigkeit

In der Prognosetätigkeit lassen sich – wenn der Prognosegegenstand bestimmt ist – zwei Teilphasen unterscheiden:

1. Das Zusammentragen eines Informationsmassivs über einen Bereich der

wissenschaften, Berlin 1974; G. Lickert: Systemtheoretische Überlegungen im Rahmen einer Untersuchung zur prognostischen Begründung von Zielen der Grundlagenforschung, in: Wissenschaft und Forschung im Sozialismus, hrsg. von G. Kröber, H. Laitko und H. Steiner, Berlin 1974, S. 386–390; S. Rosenthal, K. Fuchs-Kittowski und G. Lickert: Zu einigen ausgewählten Fragen der Umweltproblematik vom Standpunkt der prognostischen Studie des FR „Optimierung der menschlichen Lebensprozesse“, in: Wissenschaftliche Thesen, Akademie der Wissenschaften der DDR 3/1972, S. 30–35.

Wenn hier besonders die bedürfnisorientierte Ableitung von Zielen für die Grundlagenforschung behandelt wird, dann wird damit die Zielbestimmung auf Grund von Möglichkeiten und Erfordernissen der Erkenntnisentwicklung nicht negiert. Dieser Prozeß ist mit dem hier dargelegten vielmehr auf verschiedene Weise verbunden. „Gerade der Fortschritt der Grundlagenforschung ändert in der Wissenschaft scheinbar fest verankerte und unumstößliche Standpunkte, eröffnet neue Bereiche der Wissenschaft und Technik, ändert die Technologie von Grund auf, führt zur Entstehung neuer Werkstoffe und bietet die Möglichkeit, ganz neue, häufig überraschende Ergebnisse auf Gebieten anzuwenden, die absolut nichts mit dem ursprünglichen Forschungsbereich zu tun haben“ (A. Alexandrow: Der Beitrag der Wissenschaft zur Sache des Volkes. Rede des Akademiemitgliedes A. Alexandrow, Präsident der AdW der UdSSR, auf dem XXV. Parteitag der KPdSU am 26. Februar 1976, in: Gesellschaftswissenschaften, 3(7)/1976, S. 12). Hier ist eine entsprechende Zielbestimmung (auf Grund unserer bisherigen Kenntnisse) zum Zeitpunkt der Planung der Forschung natürlich äußerst schwierig.

gesellschaftlichen Entwicklung als Objekt, dessen zukünftige Möglichkeiten der Bewegung prognostiziert werden sollen.

2. Die Ableitung von Prognoseaussagen über planmäßige Realisierungshandlungen, bezogen auf konkrete Ausgangs- und Randbedingungen im Rahmen der gesamten Gesellschaftsentwicklung. Das Ziel einer Tätigkeit gehört zu den konstituierenden Momenten dieser Tätigkeit. Es drückt eine Objekt-Subjekt-Beziehung aus mit einer aktiven Stellung des Subjekts gegenüber dem Objekt. Als bei der Ableitung von Forschungszielen objektiv gegeben (im Sinne der Leninschen Bestimmung der Herkunft menschlicher Ziele und Zwecke) wird eine Problemsituation in der gesellschaftlichen Entwicklung angesehen. Es wird daher Wissen über diese gesellschaftliche Problemsituation benötigt, um vermittels der Formulierung von Problemen im Bereich des praktischen Handelns wichtige Determinanten für die Gestaltung der zukünftigen geistigen Produktion zu gewinnen. Es ist daher nützlich, wenn nicht notwendig, daß entsprechende wissenschaftliche Ausarbeitungen den Prognosegruppen von staats- und wirtschaftsleitenden Organen übergeben werden, die Prognosen über zukünftig mögliche und notwendige Forschungstätigkeiten benötigen. Das erfordert, die Widersprüche bzw. Problemsituationen zu prognostizieren, die im Prozeß der Bedürfnisbefriedigung und -entwicklung nach 1,5 bis 2 Reproduktionszyklen, z. B. des Sortiments, der Grundfonds usw. auftreten könnten (beispielsweise aus den Relationen der Entwicklung von Energie- und Rohstoffbedarf, dem Anfall an Abprodukten, dem Produktionszuwachs und dem Absatzmarkt in solchen Zeiträumen).

Die Ausarbeitung wesentlicher Merkmale einer gesellschaftlichen Problemsituation ist ein erster Arbeitsschritt der prognostischen Vorbereitung von Zielen für die Grundlagenforschung. Er ist eng verbunden mit der Formulierung weltanschaulich-methodologischer Prinzipien für die prognostische Untersuchung einer langfristigen Entwicklung gemäß einem strategischen gesellschaftlichen Entwicklungsziel. Sie bilden wichtige Voraussetzungen für das Systemherangehen an die Prognose und die differenzierte Analyse der sozial-ökonomischen und logisch-erkenntnistheoretischen Gesetzmäßigkeiten, denen eine Forschungstätigkeit als Leitungsobjekt unterliegt.[23]

[23] Daß es sich hier um eine durchgehende Tendenz des sozialistischen Aufbaus und nicht um eine besondere Entwicklung in der DDR handelt, zeigt folgendes Zitat von N. P. Fedorenko: „Alle bedeutenden volkswirtschaftlichen Probleme sind heute komplex und erfordern die Synthese zahlreicher Wissenschaften. ... Darin liegt eine Schwierigkeit aller heutigen wissenschaftlichen Probleme von gesamtstaatlicher Bedeutung, aber gleichzeitig entstehen hier neue Gesetzmäßigkeiten der Wissenschaftsentwicklung, vollzieht sich eine Synthese zwischen Natur- und Gesellschaftswissenschaften. ... Leitung der Volkswirtschaft ... verlangt, neben dem ökonomischen Nutzeffekt auch die soziale, die ethische und andere Seiten jeder Frage zu bewerten; das ist weitaus schwieriger. ...

Das marxistisch fundierte weltanschauliche Denken mobilisiert und stimuliert die Wissensspeicher der Beteiligten, fördert das unkonventionelle, schöpferische Verhalten und führt zur Festigung oder Neubestimmung gesellschaftlicher Wertvorstellungen.[24] Ohne eine solche marxistisch-leninistische weltanschauliche Basis ist die prognostische Vorbereitung wissenschaftspolitischer Entscheidungen für größere Planungszeiträume nicht möglich.

Es kann angenommen werden, daß im Rahmen der internationalen Prognosetätigkeit die Bedeutung der weltanschaulich-methodologischen Grundlegung des Prognostizierens zunimmt; im Rahmen der sozialistischen Länder, um gemeinsame Grunderfordernisse einerseits und besondere nationale Aspekte andererseits berücksichtigen zu können; im Rahmen internationaler Organisationen (UN, UNESCO etc.), um bürgerliche Ideologien zurückdrängen zu können.

Die Analyse einer Problemsituation und ihrer Quellen ist weiter verbunden mit der Bildung von Arbeits-Definitionen. Damit kann die Verständigung zwischen Vertretern verschiedener Wissenschaftsdisziplinen begünstigt werden, aus denen sich ein Prognosekollektiv zusammensetzt, bzw. es wird dabei die Notwendigkeit seiner Vervollständigung durch Vertreter weiterer Disziplinen offenbar.

Bei einigen der untersuchten Prognosearbeiten war es zweckmäßig, als nächste Arbeitsphase die Bestimmung von Teilzielen (zu einem strategischen Entwicklungsziel) anzuschließen. Entsprechend der Bestimmung von übergreifenden Widersprüchen als Quelle von gesellschaftlichen Problemsituationen können den Teilzielen oft Teilwidersprüche zugrunde liegen. „Daraus ergibt sich die Aufgabe der Wissenschaft, die Besonderheiten der Lösung des jeweiligen Widerspruchs festzustellen. Dieser Prozeß birgt jedoch die Schwierigkeit in sich, daß die ... Wege und Formen der Überwindung der Widersprüche häufig miteinander verflochten sind und eine vielfältige Art und Weise ihrer Lösung zulassen.“[25]

Bei der Ausnutzung von Gesetzeswissen für die Zerlegungsoperation ist unbedingt zu beachten, daß Systeme von Gesetzen, die einen Sachverhalt bzw. Prozeß determinieren, eine Hierarchie darstellen, „die aus allgemeinen

In dieser Hinsicht gibt es keine ‘nichtmenschlichen Wissenschaften’; sogar die Entwicklung der Mathematik, der abstraktesten Wissenschaft, ist nicht Selbstzweck, sondern zielt auf das Wohl des Menschen ab.“ Aus: Über das Zusammenwirken von Natur- und Gesellschaftswissenschaften in der gegenwärtigen Etappe, Rundtischgespräch der Zeitschrift „Woprossy Filosofii“, in: Sowjetwissenschaft, Gesellschaftswissenschaftliche Beiträge 2/1974, S. 195f.

[24] Vgl. H. Hörz: Naturwissenschaft, wissenschaftlich-technische Revolution und marxistisch-leninistische Philosophie, in: Einheit 7/1974, S. 779–788.

[25] I. D. Jermolajew: Objektive Gesetze und wissenschaftliche Leitung der Gesellschaft, a. a. O., S. 132.

und besonderen, grundlegenden und abgeleiteten, koexistierenden und einander widersprechenden Gesetzen besteht. ... Dabei kann der Zusammenhang von Gesetzen nicht spekulativ erdacht, sondern muß erforscht werden".[26] Die Zerlegung eines übergeordneten Zieles darf dementsprechend auch nicht zu schematischen Vereinfachungen der Möglichkeiten der Zielrealisierung führen.

So entwickelte sich z. B. im Prozeß der Ausarbeitung der Wissenschaftsprognose „Entwicklung neuer und gesundheitsfördernder Lebensmittel" in einem Kollektiv, das zu 80 Prozent aus Naturwissenschaftlern bestand, die Einsicht, daß eine wissenschaftliche Lösung dieses Problems erst dann erreicht ist, wenn die gesellschaftlichen Grundlagen der Ernährung annähernd gleich tief erkannt sind wie der wissenschaftliche Vorlauf auf ernährungsphysiologischem oder biochemischem Gebiet. An sich bestand auf diesem Gebiet die Gefahr zu der Auffassung, und zwar u. a. auf Grund der realen, stark differenzierten Entwicklung der beteiligten Wissenschaftsdisziplinen, daß die Prognose durch „Hypertrophierung" der Gesetzesaussagen der am weitesten entwickelten Disziplinen gewonnen werden könnte.

Bei der Bestimmung von Teilzielen der Prognose „Wissenschaftliche Grundlagen der Optimierung menschlicher Lebensprozesse" wurde u. a. deutlich, daß die Biologie der Erholungsprozesse nicht weniger bedeutsam für die Persönlichkeitsentwicklung ist als die der körperlichen und geistigen Leistungsfähigkeit zur Erzielung von hohen Produktionsresultaten. Bis in die jüngste Vergangenheit wurde in der Wissenschaft die Fähigkeit zur Reproduktion und Erholung unterbewertet oder mehr oder weniger als ein spontan ablaufender Prozeß betrachtet. Aus dieser Einsicht folgte die Aktivierung eines bestimmten Komplexes von Forschungsarbeiten zu diesem Teilziel.

Gegebener disziplinärer Entwicklungsstand des Gesetzeswissens und objektive Stellung einer (manchmal noch nicht bekannten) Gesetzesaussage in einem System von Gesetzen korrelieren durchaus nicht nur positiv miteinander. Das die Entwicklung des Prognosegegenstandes bestimmende Gesetz ist nicht immer das bereits am besten erkannte oder am besten der Erkenntnis zugängliche.

Weiter ist bei der Erarbeitung der Teilziele zu beachten, daß erstens Qualitätsumschläge in der Entwicklung existierender Bereiche und Prozesse berücksichtigt werden, die zu Umbewertungen führen, und daß sie zweitens als Aufforderungen für *zukünftiges* Handeln aus der Sicht bereits heute existierender (organisierter) Subjekte des Handelns formuliert werden und so diese auf neue Entwicklungsstufen vorbereiten.

[26] H. Hörz: Objektive gesellschaftliche Gesetze und Subjekt-Objekt-Dialektik, in: Deutsche Zeitschrift für Philosophie 10/11/1974, S. 1210.

So wie die Widersprüche der Entwicklung mit- und aufeinander wirken, können zwischen den Teilzielen Beziehungen der Inkompatibilität, Konkurrenz oder anderer Formen der Abhängigkeit bestehen.

Die Realisierung eines Teilziels kann als direkter oder mittelbarer Beitrag zur Realisierung des strategischen Zieles angesehen werden. Auf dieser Stufe der Prognosearbeit wird eine Bewertung der Bedeutung des Teilzieles als Bedingung für das Erreichen des übergeordneten Zieles erforderlich. Dabei kommt neben Teilzielen zur materiell-technischen Entwicklung der Gesellschaft auch solchen große Bedeutung zu, die auf die Veränderung anderer Bereiche der Gesellschaft gerichtet sind. „Dabei wird die Bedeutung der Faktoren, die den humanistischen Sinn des wissenschaftlich-technischen Fortschritts bestimmen ... ständig größer werden. Diese Faktoren kann man nicht – ohne Nachteil für die Wissenschaft und die Menschheit – vom Prozeß der Erkenntnis selbst, vom Wissen 'an sich' trennen. Insbesondere trifft dies auf die Situationen zu, in denen die wissenschaftlich-technische Revolution in eine neue Etappe eintritt, in der der Mensch selbst, in Einheit der biologischen und der sozialen Seite seiner Natur, zum Objekt der Wissenschaft wird. Deshalb erlangt bereits heute die sozial-philosophische, weltanschauliche und ethische Problematik des wissenschaftlichen Erkennens eine außerordentliche Bedeutsamkeit."[27]

Wegen seiner ökonomischen und ideologischen Bedeutung sei noch kurz auf einen Sachverhalt hingewiesen, der für die Prognosetätigkeit im Bereich der Grundlagenforschung spezifisch erscheint.

Vom Wissensniveau des Grundlagenforschers aus betrachtet, wird ein Entwicklungswiderspruch mitunter theoretisch angebbar, bevor er in der gesellschaftlichen Praxis eine solche Ausbreitung erfährt, daß er der Beobachtung zugänglich wird (vgl. einige derzeitige Fragen der Ressourcenbegrenzung, Umweltfragen o. ä.). Die Überwindung bzw. Verhinderung eines möglichen Widerspruches kann damit einsetzen, bevor er materiell-praktisch voll ausgeprägt ist. Vorlauf bedeutet unter diesem Gesichtswinkel Beherrschung der Reproduktion von Widersprüchen, Befolgung des Marx'schen Hinweises auf die harmonische Entwicklung über die gegenwärtig lebende Generation hinaus.

Eine theoretisch fundierte, perfekte Lösung für die Ausnutzung von Gesetzeswissen zur Bestimmung von entsprechenden Bewertungskriterien und -verfahren kann hier nicht vorgelegt werden. Die wirtschaftlichen, sozialen, ethischen und politischen Bedingungen und Effekte von Forschungsergebnissen lassen sich – zumindest gegenwärtig – nicht einheitlich bewerten und zu *einem* Wertausdruck zusammenfassen. Trotzdem

[27] N. P. Dubinin, I. T. Frolow: Wissenschaft für den Menschen. Der humanistische Sinn der wissenschaftlich-technischen Revolution, in: Deutsche Zeitschrift für Philosophie 5/1973, S. 597.

sollte besonders in der Arbeitsphase der Bestimmung von Teilzielen der Versuch zur klassifikatorischen oder komparativen Bewertung gemacht werden.[28]

In Form der Teilziele liegen dann die gesellschaftlichen Aufforderungen zur Bewältigung von praktischen Widersprüchen und der mit ihnen verbundenen Probleme so aufbereitet vor, daß die Wissenslücken hinreichend genau bestimmt werden können, deren Schließung zur Ausarbeitung entsprechender Projekte, die die Lösung der praktischen Probleme ermöglichen, erforderlich ist.

Um praktische Probleme der Aneignung und Veränderung der natürlichen und gesellschaftlichen Bedingungen und Verhältnisse zu lösen, ist eine Gesamtheit von bekanntem und neuem Wissen erforderlich, das durch verschiedenartige wissenschaftliche Tätigkeiten erzeugt, aufbereitet und geordnet werden muß. Die in Form von Teilzielen vorliegenden gesellschaftlichen Aufforderungen zur Lösung von Problemen müssen weiter in komplexe Erkenntnisprobleme überführt und diese in solche Komponenten zerlegt werden, die etwa den disziplinär geordneten Begriffen, Theorien und empirischen Aussagesystemen entsprechen und Aufforderungen zur Weiterentwicklung dieser Erkenntnisteile und zur Ausarbeitung neuer Teile des Erkenntnissystems ausdrücken. Erst mit dem Vordringen bis zum Inhalt von Zielen für diese primäre Ebene des Zielsystems wird es möglich, neben der prognostischen Bestimmung der gesellschaftlichen Notwendigkeit der Lösung bestimmter Erkenntnisprobleme auch vorausschauend die gesellschaftlichen, insbesondere die wissenschaftlichen Möglichkeiten und Bedingungen zur Realisierung dieser Ziele zu erkunden und einzuschätzen. Sie basieren auf Gesetzeswissen und daraus abgeleiteten hinreichend bestätigten Annahmen darüber, daß

1. ein entsprechendes, zum Teil noch unbekanntes Forschungsobjekt existiert und Eigenschaften enthält, deren wissenschaftliche Widerspiegelung zu den gesellschaftlich notwendigen und erwünschten Erkenntnissen führt;

2. die Schaffung von Erkenntnismethoden und -mitteln möglich ist, mit deren Hilfe in einem abgrenzbaren Zeitraum, mit einem vertretbaren Forschungspotential und mit einem angemessenen Aufwand-Nutzen-Verhältnis die Erkenntnisse gewonnen werden können;

3. die möglichen Ziel-Bedingungs-Relationen durch die Forscher unter Berücksichtigung ihrer moralisch-ethischen Haltung akzeptiert werden und bei ihnen die Einsicht motivieren, daß ihr Wissen, ihre Schöpferkraft

[28] Vgl. A. Gorziza, E. Lang und W. Wächter: Problemfelder als Forschungsgegenstand, a. a. O., S. 30f., vgl. auch G. Lickert: Zur Bewertung als Teil der wissenschaftsprognostischen Tätigkeit, in: Probleme der Forschungsplanung, Kolloquienreihe des Instituts für Wissenschaftstheorie und -organisation der AdW der DDR 11/1975, S. 76–87.

und die gesellschaftlichen Bedingungen zu ihrer Entfaltung ausreichen, um eine Lösung des Problems zu ermöglichen.[29]

Von diesen berechtigten Annahmen ausgehend, werden materiell-technische und organisatorische Voraussetzungen sowie Kommunikationsbedingungen für die prognostizierten bzw. zu planenden Forschungstätigkeiten ermittelt. Die Prognostizierung der Elemente zukünftiger wissenschaftlicher Arbeitsprozesse (Ausgangswissen, Probleme, Ziele, Forscher, Methoden, Objekte) und wichtiger zwischen ihnen bestehender Beziehungen führt zu Entscheidungsgrundlagen für die Planung von Themen, Vorhaben, Institutionen und Leitungsprozessen.

Durch das bisher beschriebene Vorgehen werden Eckpunkte des Suchraumes für die Möglichkeiten der Wissenserweiterung auf der primären Ebene der Forschung gekennzeichnet oder, wie Sharikow[30] formuliert, es wird die „gemeinsame Grenzlinie" zwischen bereits bekanntem Wissen und der Unkenntnis markiert. Um dieses Bild weiter zu benutzen: es kommt darauf an, zwischen den Strukturen diesseits dieser Grenzlinie und den (noch unbekannten) Strukturen jenseits von ihr Relationen herzustellen. „Haben wir keinerlei Kenntnis von den realen Elementen, Seiten, Merkmalen einer Erscheinung (eines Objekts), so bleibt nichts anderes übrig, als in den Bereich des Unbekannten das System der gemeinsamen Grenzbegriffe (-kategorien) als Netz von korrelativen Gegensätzen (Quantität – Qualität, Form – Inhalt, Notwendigkeit – Zufall, Ursache – Folge, Möglichkeit – Wirklichkeit usw.) einzuführen. Wenn durch dieses Netz die ersten Informationen über das Unbekannte gelangt sind, dann kann man die notwendige Gesamtvorstellung vom Objekt als Voraussetzung für eine konkrete Analyse schaffen."[31] Andere Untersuchungen erweitern den Rahmen der Möglichkeiten, um das bekannte Wissen zur Problembestimmung auszunutzen. So untersucht z. B. Arutjunov[32] prognostische Funktionen von Gesetzesaussagen. Aus methodentheoretischer Sicht wurde der Begriff der „zielorientierenden Prinzipien"[33] gebildet, durch den im vorhandenen Wissen enthaltene Bestimmungen des methodi-

[29] Vgl. M. Grunwald: Funktionen des Zieles in Forschungsprozessen und seine Bedeutung für die Bestimmung des Schöpferischen, in: Wissenschaftliche Zeitschrift der Friedrich-Schiller-Universität Jena, Gesellschafts- und Sprachwissenschaftliche Reihe 4/1972, S. 599–602.

[30] J. S. Sharikow: Das wissenschaftliche Problem, in: Logik der wissenschaftlichen Forschung, hrsg. von P. W. Kopnin und M. W. Popowitsch, Berlin 1969, S. 43.

[31] Ebenda, S. 43.

[32] Vgl. V. Arutjunov: Analiz i klassifikacija funkcij prognozirovanija naučnoj teorii, in: Materialien des internationalen Symposiums „Problemy naučno-techničeskogo prognozirovanija", Varna, Oktober 1972.

[33] W. Heitsch, H. Parthey und W. Wächter: Heuristik und Dialektik, in: Deutsche Zeitschrift für Philosophie 2/1971, S. 145–159.

schen Vorgehens gekennzeichnet werden. Während diese zielorientierenden Prinzipien als normative Wendungen einzelwissenschaftlicher und philosophischer Aussagen auf das orientieren, was sein kann oder sollte, spricht Dobrov[34] davon, daß Gesetze und Prinzipien der Naturwissenschaft oft auch zu „Prinzipien der Unmöglichkeit" führen.

Da das wissenschaftliche Problem die Nahtstelle von Bekanntem und Unbekanntem kennzeichnet, gewissermaßen den Übergang vom ersten zum zweiten ermöglicht, ergibt sich eine Reihe von Unbestimmtheiten bei der Ermittlung des Ziels einer Forschungstätigkeit.[35] Dazu gehört auch, daß die Frage nicht eindeutig beantwortet werden kann, ob mit der Ableitung und Formulierung einer bestimmten Forschungsproblemmenge, deren Lösung in der Zukunft möglich und notwendig wird, der Inhalt des übergeordneten Zieles hinreichend ausgeschöpft wurde; mit anderen Worten: ob die planmäßig zu erarbeitenden Resultate den Wissensbedarf der Praxis decken.

Da ein Teil des zur Problemformulierung genutzten Wissens Annahmen und Hypothesen sind, die einen geringeren Reifegrad des objektiven Wissens ausdrücken, erhält die Zielsetzung in der Forschung in besonderem Maße den Charakter eines iterativ bis zur Vorlage des tatsächlichen Resultats andauernden kognitiven Prozesses. Daher sind auch Zielsetzung und -realisierung nur bedingt arbeitsteilig zu trennen. Die Überführung der Prognoseaussage in die Planfestlegung ist daher nicht nur ein Übergang von der Orientierung zur Normierung des Handelns bzw. zur Handlungsanweisung, sondern auch ein Erkenntnisprozeß. Er erfordert Forschungstätigkeit. Der Prognose müßte also gegebenenfalls unmittelbar Forschung durch ein Teilpotential folgen, die wesentliche Prognoseaussagen festigt, bevor die Planfestlegung für ein Gesamtvorhaben oder ein Thema erfolgt. Planung setzt ein Zurückdrängen der Unbestimmtheiten des inneren Modells der auszuführenden Tätigkeiten voraus. Man wird in der Forschungsplanung ein geringeres Bestimmtheitsniveau als in der Wirtschaftsplanung vorfinden. Da aber bei der Bilanzierung des Einsatzes der volkswirtschaftlichen Arbeitskräfte-, Grundmittel- und Finanzfonds Forschungsziele durchaus mit Zielen der Wirtschaftstätigkeit verbunden sind und ggf. auch „konkurrieren" können, ist eine gewisse Gleichheit der Bestimmtheit der Aussagen erwünscht und anstrebenswert, wenn auch wegen des Charakters der Grundlagenforschung nie vollständig erreichbar.

Der Übergang vom übergeordneten Ziel zur prognostisch ableitbaren Forschungsproblemmenge und weiter zu einem Zielsystem für miteinander verbundene Forschungstätigkeiten ist durch Unbestimmtheiten gekennzeichnet. Es handelt sich um Tätigkeiten, die mehr oder weniger unter Ungewißheit zu vollziehen sind und bei denen Wahrscheinlichkeitsurteile

[34] G. M. Dobrow: Prognostik in Wissenschaft und Technik, a. a. O., S. 45.
[35] Vgl. Abschnitt 3.2.

eine große Bedeutung haben. Die Prognoseaussagen stellen in der Regel einen durch Bewerten und Auswählen erhaltenen Ausschnitt aus einem Möglichkeitsfeld dar. Dieser Ausschnitt muß für Präzisierungen, Erweiterungen etc. offen und entwicklungsfähig in der Prognosedokumentation dargestellt sein. Die iterative Verbesserung der prognostisch begründeten Ziele in ihrem Systemzusammenhang sollte wieder auf dem Hintergrund des gesamten Möglichkeitsfeldes der Probleme und Problemzusammenhänge erfolgen (können) und nicht ausschließlich in der Vervollständigung der in die Planung zu überführenden, ausgewählten Teile bestehen. In der Terminologie der morphologischen Analyse[36] ausgedrückt, müßte die Feldüberdeckung geprüft werden und nicht nur die Aussage zum Inhalt ausgewählter Felder des morphologischen Kastens.

Zusammen mit der Präzisierung der Ziele beim Übergang zum Plan (und auch bei dem Prozeß der Planrealisierung) muß daher eine Kontrolle der Entscheidungsgrundlagen, -verfahren und -kriterien erfolgen, die zur Auswahl und Setzung (Planung) bestimmter Ziele genutzt wurden. Dazu wäre beim Treffen der Ausgangsentscheidung festzulegen, woran die Übereinstimmung bzw. Nichtübereinstimmung der tatsächlich während des Problemlösungsprozesses eintretenden Ereignisse und Relationen mit den vorausbestimmten Ereignissen und Relationen gemessen werden sollte.

Die auf die Erreichung des gesetzten Zieles gerichtete Strategie muß u. a. auch Verhaltensregeln für den Fall enthalten, daß bestimmte prognostizierte Forschungsereignisse gar nicht, nicht zum gewünschten Zeitpunkt oder nicht in den vorgesehenen inhaltlichen Relationen eintreten. Nicht jedes im Zielrealisierungsprozeß neu erkannte (Teil-) Problem, nicht jede zeitliche Verschiebung oder eine Aufwandserhöhung kann dabei allein betrachtet und als Planabweichung interpretiert werden. Neu erkannte Möglichkeiten für einzelne Bereiche oder Teile des Zielsystems müssen auf ihre Systemwirkung untersucht werden. Der Lerneffekt bestimmt die Zweckmäßigkeit der iterativen Anpassung des Zielsystems an die Gegebenheiten des Lösungsverlaufs.

Die noch weit verbreitete Vorstellung, daß Prognostizieren und Planen als zeitlich nacheinander erfolgende Phasen des Planungsprozesses anzusehen sind, trifft für den Zielsetzungsprozeß für Forschungstätigkeiten nicht zu. Jeder Erkenntnisfortschritt einer einmal in Gang gesetzten Forschungstätigkeit beeinflußt das Informationsmassiv der Prognose, die die Ziele dieser Forschungstätigkeit mit begründet hat. Das erlaubt die Korrektur der Voraussicht des Resultats, ggf. in (der spezifischen) Form von Problem-Hypothesen-Veränderungen bzw. -Präzisierungen. Die Unbestimmtheit kann also durch den Vollzug einzelner Phasen und Tätigkeiten der Planung,

[36] Vgl. F. Zwicky: Entdecken, Erfinden, Forschen – im morphologischen Weltbild, München-Zürich 1966.

wie Prognostizieren, Programmerarbeitung, Erarbeitung des langfristigen Planes, Erarbeiten des Fünfjahrplanes, in gewisser Weise reduziert werden.

Weitere Fortschritte bei der Behandlung des Zielsetzungsprozesses könnten möglich werden, wenn die philosophischen Auffassungen von dem statistischen Charakter der Gesetze der Gesellschaftsentwicklung weiter ausgearbeitet und fundiert werden.

Bei der Erläuterung einiger Verbesserungsmöglichkeiten in dieser Hinsicht wird die Fassung des Begriffs „statistisches Gesetz" durch Hörz benutzt, die an anderer Stelle schon dargelegt wurde.[37]

Ganz gleich, ob eine einzelne (planmäßige) Forschungstätigkeit und ihr Resultat vorwiegend im übergreifenden Zusammenhang mit der Realisierung strategischer gesellschaftlicher Ziele oder im (innerwissenschaftlichen) Zusammenhang der notwendigen Vertiefung des wissenschaftlichen Wissens betrachtet wird, kann sie als Elementmöglichkeit der notwendigen (gesetzmäßigen) Realisierung einer übergeordneten Gesamtheit betrachtet werden. Das erlaubt einen Zugang zur Problematik Gesetz und Gesetzesausnutzung. Für die gesellschaftlich notwendige Lösung des Krebsproblems wären z. B. Forschungsvorhaben über unterschiedliche Aspekte dieser Krankheit und ihrer Ursachen mit dem Ziel der wissenschaftlichen Erklärung Elemente des notwendig zu realisierenden Systems von Erkenntnissen. Die Wahrscheinlichkeit der Ausarbeitung solcher Erklärungen nimmt mit der Schaffung von Theorien über Entwicklungs- und Steuerungsprozesse auf den verschiedenen Organisationsebenen der biologischen Strukturen zu. Mit der prognostischen Untersuchung der Zielsetzung auf der elementaren Ebene der Forschung (Forschungsgruppe, Einzelforscher) können in diesem Kontext die Wahrscheinlichkeiten für die Realisierung der Elemente abgeschätzt und damit einige Hinweise auf den Stand der notwendigen Realisierung des gesamten Systems von Erkenntnissen abgeleitet werden. Diese Herangehensweise könnte man auch benutzen, um zum Beispiel

1. die Lösungswahrscheinlichkeit eines Problems an einer Nahtstelle des disziplinären Gefüges der Wissenschaft durch Zufluß von wissenschaftlichen Informationen aus anderen Bereichen oder
2. die möglichen Einflüsse neuartiger Probleme verschiedener Disziplinen auf die Grundlagenforschung als ganzheitliches System wissenschaftlicher Tätigkeiten und Erkenntnisse

zu untersuchen.

Aus den weiter vorn genannten Entwicklungsrichtungen der gesellschaftlichen Funktionen der Grundlagenforschung ergibt sich neben dem Erfordernis der objektiven Wahrheit der zu erreichenden Erkenntnisse auch das der objektiven Nutzbarkeit der gewonnenen Erkenntnisse. Es spielt bei der Überführung in Handlungsvorschriften und -regeln zur praktischen

[37] Vgl. Abschnitt 3.1. und 6.2.2.2.

Beherrschung der natürlichen und gesellschaftlichen Prozesse und Objekte eine hervorragende Rolle. Ganz gleich, ob z. B. eine biochemische Gesetzmäßigkeit in ein medizinisches Diagnoseverfahren oder eine technologische Vorschrift zur Nahrungsmittelkonservierung überführt wird, immer wird sie gesellschaftlich genutzt. Die Erkenntnis wird stets im Rahmen bestimmter technischer Möglichkeiten, organisatorischer und ökonomischer Bedingungen, gemeinsam mit anderen wissenschaftlichen Resultaten usw. genutzt und muß zu diesen „passen".

Für die Problemformulierung und die Setzung von Zielen für Forschungstätigkeiten folgen daraus weitere Bedingungen, die z. B. durch Sicherheits- und Anwendungsvorschriften, nicht zu verändernde Konstruktionsregeln, Berechnungsvorschriften u. ä. m. zum Ausdruck gebracht werden. Man könnte sagen, daß neben der „reinen" Form der Erkenntnis eines Naturgesetzes gewissermaßen auch eine Anwendungsreife existiert. Oft ist für die technische Realisierung eines Prinzips auf Grund eines natürlichen, gesetzmäßigen Zusammenhanges die hinreichend genaue Angabe von Nebenbedingungen, unter denen dieser Zusammenhang reproduzierbar besteht, ebensowichtig wie die Gesetzesaussage selbst. Kann eine solche Anforderung von Anfang an berücksichtigt werden, können sich daraus z. B. für den Aufbau der Experimente Folgerungen ergeben. Eine Teilfrage ist das Problem der Maßstabvergrößerung. Die „reine" Gesetzesaussage wird davon nicht berührt. Aber Nebenbedingungen, die von der Beschaffenheit des technischen Bedingungssystems für den physikalischen oder chemischen Prozeß abhängen, variieren die Ausprägung des kausalen Zusammenhangs.

Die hier erläuterte Zielableitung (vgl. die Übersicht zur Zielaufgliederung auf Seite 98) schließt also auch Erkenntnisse über die möglichen spezifischen Anwendungsweisen theoretischen Wissens zur Ausarbeitung von Regeln und wissenschaftlich-technischen Entwürfen für praktisches Handeln ein (in Form von ergänzenden Genauigkeitsanforderungen, Aussagen über Nebenbedingungen, Hinweisen auf Umwandlung in tabellarische, nomographische Darstellungsformen u. a. m.).

Zur weiteren Unterstützung der Planung sollten die Prognoseaussagen über die möglichen Ziele so dargestellt werden, daß weitere Untersuchungen über

- die Tendenz der Methodenentwicklung,
- die Entwicklung der Qualifikationsanforderungen,
- den Zeitablauf und den zeitlichen Rahmen der notwendigen Arbeiten,
- die Kooperationserfordernisse,
- die materiell-technische Basis

u. a. m. zielbezogen angeschlossen werden können. Zur Darstellung der Prognoseaussagen lassen sich verschiedene Möglichkeiten nutzen:

1. Die Abbildung des Gesamtzusammenhangs und der als Vorzugsvarianten

Übersicht zur Zielaufgliederung

Hierarchie der Ziele und abgeleiteten Probleme	Inhalt der Tätigkeiten zur Zielableitung
A: Strategische, langfristig gültige Entwicklungsziele der Gesellschaft zur effektiven Gestaltung und Veränderung von Objekten der Basis und des Überbaus der sozialökonomischen Formation und der natürlichen Umwelt	Erkennen möglicher gesellschaftlicher Entwicklungswidersprüche und Problemsituationen; Präzisierung ihrer wesentlichen Inhalte; Ableitung von gesellschaftlichen Teilzielen; Bewertung und Auswahl nach ihrer Bedeutung für das Gesamtziel
B: Komplexe wissenschaftliche Erkenntnisprobleme als ein wesentlicher Teil der Handlungsbedingungen zur Realisierung von *A*	Bestimmung der Problemsituation im Bereich der (Grundlagen-)Forschung; Formulierung komplexer Erkenntnisprobleme; Bewertung ihrer Bedeutung für die Realisierung der Teilziele und der generellen Lösungsaussichten
C: Disziplinär (bzw. auf einer als bearbeitbar absehbaren Primärebene) geordnete Teilziele der Grundlagenforschung zur Lösung von Erkenntnisproblemen für die Erreichung des Gesamtzieles	Analyse der inhaltlichen Aspekte der komplexen Erkenntnisprobleme, ihre Aufgliederung und die Formulierung von Erkenntnisproblemen im Rahmen von Disziplinen oder auf entsprechenden Primärebenen; Bewertung der Bedeutung einzelner Problemaspekte und abgeleiteter Probleme für die Lösung der komplexen Erkenntnisprobleme
D: Teilziele für institutionalisierte Führungsbereiche bzw. Primärkollektive der Grundlagenforschung	Ableitung von Unterzielen durch teilweise weitere Zerlegung der unter *C* ermittelten Ziele oder durch synthetische Verdichtung, um z. B. verschiedene „Seiten“ des gleichen Objektes widerzuspiegeln
E: Ziele zur Entwicklung des methodischen Vorgehens zur Lösung der Probleme, zu deren Bearbeitung unter *C* und *D* aufgefordert wird	Überprüfung inhaltlicher Fragen der Nutzung und gegebenenfalls Entwicklung des Methoden- und Mittelsystems, von dem die Realisierbarkeit der Ziele abhängt; Ausarbeitung von Daten für die Sicherung und Gestaltung des künftigen Forschungspotentials

bewerteten und vorrangig zu realisierenden Teile mit Hilfe eines Entscheidungszielbaums.[38]

2. Die reproduzierbare Erfassung der einzelnen Stufen der Zerlegung eines

[38] Vgl. hierzu z. B. Autorenkollektiv: Zielplanung in Forschung und Entwicklung, Berlin 1973.

strategischen Ziels in Teilziele durch Verflechtungstabellen für die Stufenübergänge (entsprechend der Übersicht zur Zielaufgliederung).

Dadurch soll die Gesamtübersicht im Prozeß der iterativen Verbesserung, selbst bei Neuaufnahme ganzer Hierarchien miteinander verbundener Probleme oder bei Wegfall von Möglichkeiten, gewahrt werden. Von der Primärebene (aus der Sicht eines Forschungskollektivs) her betrachtet, kann die Zugehörigkeit und Bedeutung der Lösung eines Problems zu verschiedenen strategischen Zielen, die untereinander in Beziehung stehen, erfaßt werden.

Durch die komplexe Darstellung der Prognoseresultate kann über die Forschung hinaus die Bildung des Problembewußtseins in der Anwendungssphäre möglicher Forschungsresultate günstig beeinflußt werden. Konkret findet das seinen Ausdruck in der Ausnutzung von Prognoseaussagen aus der Forschung in Wirtschaftsprognosen, langfristigen Konzeptionen der Erzeugnisentwicklung, Konzeptionen zur Ausnutzung natürlicher Ressourcen usw. Die Vergesellschaftung der Forschung kann also schon mit der prognostischen Begründung der Ziele fortschreiten und nicht erst mit der Anwendung der Resultate.

4.4. Zusammenfassung

Für die Ableitung und Setzung von Forschungszielen erscheint es notwendig,

- die gesellschaftlichen Quellen und das gesellschaftliche Wesen der wissenschaftlichen Erkenntnisprobleme aufzudecken, zur Bestimmung der Qualität des neuen Wissens den objektiven Inhalt der gesellschaftlichen und wissenschaftlichen Entwicklungserfordernisse und -bedürfnisse als wesentliche Ausgangsbedingungen des Erkenntnisprozesses zu benutzen;
- hinreichend bestätigte Annahmen darüber zu erarbeiten, auf welche Erkenntnisobjekte sich die Forschungstätigkeit richten soll, um neues systematisches Wissen zu erlangen;
- Forschungsprobleme zu formulieren, um Ausgangsposition und Richtung des Übergangs von Bekanntem zu Unbekanntem zu bestimmen;
- gesellschaftliche Möglichkeiten für die erforderliche personelle, materielle und finanzielle Basis zur Bearbeitung der Ziele aufzudecken;
- in diesem Zusammenhang qualitative und quantitative Wahrscheinlichkeitsurteile u. a. über die Richtigkeit und Echtheit einer wissenschaftlichen Problemstellung, die Möglichkeiten und Notwendigkeiten ihrer Bearbeitung und Lösung, die voraussichtlichen Lösungszeiträume sowie die Angemessenheit des Aufwandes und des Nutzens der Problemlösungsprozesse zu erarbeiten;
- Vorschläge über die gesellschaftliche Organisation der Forschungstätigkeit auf der Grundlage der wesentlichen Tendenzen der Arbeitsteilung und Vergesellschaftung zu machen;

– das erforderliche Problembewußtsein (besonders über Problementstehung und Möglichkeiten der Problemlösung) im Prozeß des wissenschaftlich-technischen und sozialen Fortschritts als Voraussetzung des bewußten Handelns zu entwickeln.

Eine dementsprechende Vorgehensweise ermöglicht es, die Forschungsplanung durch Nutzung der bereits erkannten Gesetzmäßigkeiten der Wissenschaftsentwicklung zu fundieren und dabei zugleich ihre Einordnung in die übergreifende Planung der Volkswirtschaft und sozialer Prozesse zu verbessern.

Die Vervollkommnung der Zielableitung und -begründung kann zur Verwirklichung des Prinzips der Bedürfnisorientierung[39] der Grundlagenforschung beitragen.

[39] Vgl. hierzu P. Hanke, G. Lickert und V. Nikolajew: Zur bedürfnisorientierten Zielableitung für Vorhaben der Grundlagenforschung, in: Sozialistische Wissenschaftspolitik und marxistisch-leninistische Wissenschaftstheorie. Kolloquienreihe des Instituts für Wissenschaftstheorie und -organisation der AdW der DDR 10/1975, S. 82–108.

5. Bedeutung kritischer Probleme bei der Prognostizierung und Planung der Forschung

5.1. Zur Untersuchung kritischer Probleme

Die Entwicklung der Wissenschaft ist ein dialektischer Prozeß. Tief in die Geschichte zurückreichend, schreitet sie aufbauend auf dem Wissen der vorhergehenden Generationen voran. Die moderne Wissenschaft verdankt ihre heutige Stellung nicht zuletzt dem Umstand, daß sie sich den reichen Fundus bisheriger wissenschaftlicher Erkenntnis schöpferisch angeeignet und verarbeitet hat. Das Vordringen zu Neuem ist einerseits Vervollkommnung des vorhandenen Wissensstandes, Fortsetzung wissenschaftlicher Tätigkeiten mit traditionellen Methoden, Prinzipien u. a. m. Andererseits wird durch dialektische Negation das bisher Erzielte kritisch überprüft, relativiert, modifiziert. Für manche Erkenntnisse werden neue Betrachtungsweisen möglich, andere, die der historischen Überprüfung im Zuge des Erkenntnisfortschrittes nicht standhalten konnten, müssen aufgegeben werden. Verbunden mit der Kontinuität der Wissenschaftsentwicklung zeigt sich ihre Diskontinuität. Relativ ruhige Entwicklungen – mit systematischem Ausbau und zunehmender Vertiefung des Wissensstandes in seiner bisherigen Struktur – lassen sich ebenso beobachten wie stürmisches Wachstum, wenn sich die bisherige Betrachtungsweise als zu eng erweist, wenn sich neue Wissensqualitäten über Hindernisse einer solchen traditionellen Betrachtung hinweg, durch Beseitigung von Stauungen und Engpässen im Vorwärtsschreiten der Erkenntnis, in Form von qualitativen Sprüngen und davon ausgehenden möglichen Kettenreaktionen durchsetzen.[1]

Qualitative Sprünge und ihre Folgen bilden ein schwieriges Problem für die Prognostizierung und Planung der Forschung und die Nutzbarmachung ihrer Ergebnisse. Sie sind jedoch für die Meisterung und Beschleunigung des wissenschaftlich-technischen Fortschritts von außerordentlich großer Bedeutung. Dabei handelt es sich nicht nur um solche sprunghaften Entwicklungen, die auf einzelnen Wissenschaftsgebieten tiefgreifende Verände-

[1] Eine Darstellung von qualitativen Sprüngen in der Wissenschaft wurde von Mikulinskij gegeben. Vgl. S. R. Mikulinskij: Metodologičeskie problemy istorii biologii, in: Voprosy filosofii 12/1964.

rungen und entsprechende Auswirkungen auf die Produktivkräfte auslösen. Es geht oft um ein weiterreichendes System von sich neben- sowie nacheinander vollziehenden Prozessen auf verschiedenen Ebenen, mit unterschiedlichen Größenordnungen und Auswirkungen.

Wenn man hierarchische Dekompositionsstrukturen (Zielbäume) im Rahmen der Prognostizierung von internationalen und nationalen Entwicklungsrichtungen, Tendenzen, neuen Problemen und Erscheinungen des wissenschaftlich-technischen Fortschritts analysiert, wird man mit dem Phänomen der „kritischen Probleme" konfrontiert. Kritische Probleme können als Indikatoren eines Teils von qualitativen Sprüngen in der Wissenschaft bei der Prognostizierung und Planung der Forschung und der Nutzung ihrer Ergebnisse verwendet werden. Sie stellen sich als solche Forschungsprobleme heraus, die die Erzielung angestrebter Ergebnisse blockieren. Um diese Engpässe stauen sich die Forschungstätigkeiten, der systematische Erkenntnisfortschritt wird an solchen Problemstellungen zeitweilig unterbrochen. Diese Probleme erlangen oft eine Stellung im wissenschaftlichen Erkenntnisprozeß, die bestimmte Entwicklungsrichtungen oder Bereiche als kritisch und sehr bedeutsam für den Fortschritt in Forschung und Praxis erscheinen lassen.

Prognostische Arbeiten geben daher einen Anstoß, sich mit den kritischen Problemen zu befassen, und ermöglichen es auch, Merkmale kritischer Probleme in erster Annäherung zu beschreiben. Die außerordentliche Bedeutung der Kenntnisse über kritische Probleme für die Prognostizierung und Planung des wissenschaftlich-technischen Fortschritts bildet auch den eigentlichen Beweggrund, um gezielt nach ähnlichen oder relevanten Feststellungen in der wissenschaftstheoretischen und -historischen Literatur zu suchen. Dabei zeigen sich Berührungspunkte zu Arbeiten, in denen verschiedene Aspekte qualitativer Sprünge und das unterschiedliche Herangehen an derartige Entwicklungen in der Wissenschaft dargestellt werden. Bedeutend sind darunter z. B. die „Knotenpunkte" bzw. „Knotenprobleme" von Kedrov,[2] die „Durchbruchstellen" von Dobrov,[3] die „Schnittpunkte" von Bernal,[4] die „Kreuzungen der Wissenschaft" von Vol'kenštejn[5]. Sie haben gemeinsam, daß sie alle neue Qualitäten beim Entstehen neuen Wissens an bestimmten

[2] Vgl. B. M. Kedrov: O zakonach razvitija nauki, in: Upravlenie, planirovanie i organizacija naučnych i techničeskich issledovanij, Bd. 1, Moskau 1970, S. 91f.; B. M. Kedrov: Mechanizm vozniknovenija uzlovych problem v razvitii nauki i ich prognozirovanie, in: Materialy simpoziuma SĖV „Naučno-techničeskaja revoljucija i social'nyj progress", Bd. I, Thesen IX–XI, Moskau 1974,; B. M. Kedrov: Mechanizm vozniknovenija uzlovych problem v razvitii nauki i ich prognozirovanie, in: Vestnik akademii nauk SSSR 9/1974, S. 61–67.

[3] Vgl. G. M. Dobrov: Prognostik in Wissenschaft und Technik, Berlin 1971, S. 37.

[4] Vgl. J. D. Bernal: Die Wissenschaft in der Geschichte, Berlin 1967, S. 18.

[5] Vgl. M. V. Vol'kenštejn: Perekrestki nauki, Moskau 1972.

Stellen der Entwicklung der Wissenschaft zum Ausdruck bringen. Gleichzeitig haben sie teilweise unterschiedlichen Inhalt.

„Knotenpunkte“ bzw. „Knotenprobleme“ nach Kedrov bilden sich an den Kreuzungen heraus, die durch das Zusammenwirken von äußeren Faktoren (Erfordernissen der gesellschaftlich-historischen Praxis, Erfordernissen der Technik und materiellen Produktion) und inneren Faktoren (Logik der Entwicklung der Wissenschaft) hervorgerufen werden.[6] Kedrov verbindet sie mit gravierenden Entdeckungen, d. h. er bewertet sie bereits und weist ihren Zusammenhang mit den „Wachstumspunkten“ der Entwicklung einer Forschungsrichtung bzw. eines Wissenschaftsgebietes aus. Der Erkenntnisfortschritt ist an die Lösung eines solchen Knotenproblems gebunden. Als Beispiele werden die Entdeckung der Radioaktivität und ihr Einfluß auf die Herausbildung der Atomphysik sowie die des Sauerstoffs in ihrer Bedeutung für die Revolution in der Chemie des 18. Jahrhunderts genannt.[7]

Der Begriff „Durchbruchstelle“ von Dobrov bezeichnet bestimmte (auch sich erst anbahnende) umwälzende Fortschritte in Wissenschaft und Technik, die für die Entwicklung der Produktivkräfte, vorwiegend der Technik, sehr wichtig sind.

Bernal verbindet die Bezeichnung „Schnittpunkt“ mit wesentlichen Entdeckungen, die – wie ein Hauptkettenglied – ganze Reaktionsfolgen von weiterführenden Entdeckungen, zahlreiche Verflechtungen mit anderen Wissenschaftsgebieten und andere Auswirkungen auslösen, wie es z. B. auf dem Gebiet der Elektrizität im 18. Jahrhundert und in der Atomphysik im 20. Jahrhundert der Fall war.[8]

In ähnlicher Weise wird der Begriff „Kreuzungen der Wissenschaft“ verstanden.[9]

Es muß noch hinzugefügt werden, daß die genannten Autoren sich jeweils auf Erscheinungen in den Natur- und technischen Wissenschaften beziehen, die Bedeutung des qualitativen Sprunges und der kritischen Stellen im Fortschritt der Gesellschaftswissenschaften aber wenig oder gar nicht berühren. Wie noch zu zeigen sein wird, bestehen unmittelbare Beziehungen zwischen den kritischen Problemen und den genannten Erscheinungen in der Wissenschaftsentwicklung.

Qualitative Entwicklungsprozesse in der Wissenschaft versucht Kuhn mit dem Begriff des „Paradigmas“ zu erfassen.[10] Nicht selten wird ein Paradigmenwechsel als Synonym für revolutionäre Wissenschaftsentwicklungen

[6] Vgl. B. M. Kedrov: Mechanizm vozniknovenija . . ., in: Vestnik akademii nauk, a. a. O., S. 64.

[7] Vgl. ebenda, S. 61.

[8] Vgl. J. D. Bernal: Die Wissenschaft in der Geschichte, a. a. O., S. 18.

[9] Vgl. M. V. Vol'kenštejn: Perekrestki nauki, a. a. O.

[10] Vgl. T. S. Kuhn: Die Struktur wissenschaftlicher Revolutionen, Frankfurt a. M. 1967.

schlechthin verstanden. Das Verhältnis von evolutionären und revolutionären Prozessen in der Wissenschaft wurde in Wirklichkeit lange vor Kuhn explizite dargestellt. In seinem Buch „Materialismus und Empiriokritizismus" charakterisierte z. B. Lenin die Revolution in der modernen Naturwissenschaft.[11] Mikulinskij und Markova weisen darauf hin, daß neu bei Kuhn allerdings die Interpretation der wissenschaftlichen Revolutionen mit Hilfe des Begriffs des „Paradigmas" ist, unter dem Kuhn ein für die Gemeinschaft der Wissenschaftler konventionelles Denkschema, ein Modell bzw. ein Muster für ihre wissenschaftliche Tätigkeit versteht.[12]

Kritische Probleme können Veränderungen paradigmatischer Natur anzeigen. Eine wichtige Rolle spielt dabei das von Kuhn genannte Phänomen von Anomalien, d. h. der Nichtübereinstimmung der paradigmatischen Grundvorstellungen mit der Erkenntnisentwicklung und die hiermit angedeutete Notwendigkeit des Paradigmenwechsels. Diese Anomalien können offensichtlich zum Herausbilden und Verdeutlichen von kritischen Problemen führen. Kritische Probleme sind jedoch weder bloße Feststellungen eines Widerspruchs zwischen dem bestehenden und dem erforderlichen Wissensstand, noch postulieren sie einfach das Erfordernis eines Übergangs zur neuen Wissensqualität. Sie verbinden Aussagen zu diesem Widerspruch mit den gesellschaftlichen und erkenntnismäßigen Triebkräften der Wissenschaftsentwicklung. Mit den Anomalien kann ferner nur ein Teil von kritischen Problemen in Verbindung gebracht werden.

Wenden wir uns daher im folgenden zuerst der Ermittlung von Merkmalen kritischer Probleme zu.

5.2. Merkmale kritischer Probleme[13]

Kritische Probleme gehören zu den Forschungsproblemen. Auf sie treffen die Merkmale aus der Definition des Forschungsproblems schlechthin

[11] Vgl. W. I. Lenin: Materialismus und Empiriokritizismus, in: Werke, Bd. 14, Berlin 1962.

[12] Vgl. Nachwort von S. R. Mikulinskij und L. A. Markova zur russischen Ausgabe des Buches von T. S. Kuhn, vgl. T. S. Kuhn: Struktura naučnych revoljucij, Moskau 1975, S. 271.

[13] Die Untersuchung von kritischen Problemen in diesem Beitrag folgt nachstehenden methodologischen Überlegungen: Die hypothetischen Vorstellungen über den kritischen Charakter von bestimmten Forschungsproblemen könnten als bestätigt angesehen werden, wenn es gelänge, aus der Geschichte der Wissenschaft den entsprechenden Nachweis zu erbringen sowie die erzielten Ergebnisse beim konkreten Prognostizieren von Wissenschaft und Technik zu überprüfen. Dafür wäre es erforderlich, einen repräsentativen Querschnitt an Aussagen aus den Natur-, technischen sowie Gesellschaftswissenschaften zu

zu.[14] Das Spezifische, das kritische Probleme als eine besondere Gruppe von Problemen abhebt, wird durch folgende Merkmale charakterisiert:

1. Die Entstehung eines kritischen Problems wird durch einen Widerspruch gekennzeichnet, der den Charakter einer grundsätzlich fehlenden Lösung im wissenschaftlichen Erkenntnisfortschritt – sogar bis hin zum Auftreten von Paradoxien[15] – annimmt. Bisherige konzeptionelle, methodologische, methodische, experimentelle und sonstige Vorstellungen sowie Lösungswege zur Weiterführung der wissenschaftlichen Erkenntnis versagen im einzelnen wie im Zusammenhang miteinander. Dies deutet darauf hin, daß ein qualitativer Sprung erforderlich ist, um die Lücke zu schließen. (Anders ist es, wenn ein Widerspruch durch schöpferische Anpassung, Modifizierung, Weiter-

erzielen. Um sich mit dieser Problematik frontal auseinanderzusetzen, wäre eine gewissermaßen den Rahmen der gesamten Wissenschaft erfassende sachkundige bewertende Arbeit an Archivmaterial und biographischen Unterlagen erforderlich. Wollte man so vorgehen, ließe sich der Verdacht eines „universellen Dilettantismus" allerdings nicht vermeiden. Jede Einschränkung des Untersuchungsfeldes, z. B. auf das Gebiet der Ökonomie oder auf einen naturwissenschaftlich-technischen Bereich, würde dagegen Zweifel hinsichtlich der Berechtigung von Verallgemeinerungen für die gesamte Wissenschaft entstehen lassen. Es wurde deshalb versucht, kritische Probleme und ihre Merkmale auf indirektem Wege nachzuweisen. Sind kritische Probleme so gravierend, dann müßten sie mehr oder weniger deutlich in wissenschaftshistorischen Publikationen erwähnt worden sein. Es wäre demnach eine entsprechende Auswahl von solchen Untersuchungen erforderlich, um kritische Probleme nachzuweisen. Diese Auswahl müßte einigermaßen repräsentativ sein hinsichtlich der Wissenschaftsgebiete, der Wissenschaftler, die kritische Probleme gelöst haben, der Länder und der wissenschaftshistorischen Autoren. Diese Autoren haben sich in der Regel nicht explizite die Aufgabe gestellt, die Existenz von kritischen Problemen zu ermitteln. Die inhaltliche Verarbeitung des Primärmaterials durch diese Autoren, also durch Spezialisten des betreffenden Gebietes, ermöglichte es dem in Fachdetails wenig Bewanderten, Hinweise über einzelne Merkmale der kritischen Probleme herauszustellen. Dem fehlenden geschlossenen Ausweis von allen genannten Merkmalen kritischer Probleme in jeder einzelnen der untersuchten Entwicklungen (was bei dieser Untersuchungsweise auch verständlich ist) wurde durch die Vielzahl der Beispiele zu begegnen versucht. Aus den insgesamt untersuchten Beispielen aus der Wissenschaftsgeschichte werden in den folgenden Darlegungen nur einige als Erläuterung erwähnt.

[14] Vgl. dazu: H. Parthey und D. Wittich: Problem, in: Philosophisches Wörterbuch, hrsg. von G. Klaus und M. Buhr, Bd. 2, Leipzig 1974, S. 974; H. Parthey: Wege zur Formulierung von Forschungsproblemen, in: Wissenschaftliche Zeitschrift der Humboldt-Universität zu Berlin, Mathematisch-Naturwissenschaftliche Reihe 1/1973, S. 127–131.

[15] Vgl. dazu G. Klaus: Paradoxie, in: Philosophisches Wörterbuch, a. a. O., S. 910f.

entwicklung bereits vorhandener Grundlösungen aufgehoben werden kann. Dies führt in der Regel nicht zu kritischen Problemen.)

Die klassische Elektrodynamik behauptete beispielsweise, daß das Elektron bei der beschleunigten Bewegung, darunter der Kreisbewegung, Energie verlieren, Licht mit ständig wachsender Frequenz ausstrahlen und sich dem Kern spiralförmig nähern müßte. Die daraus gezogenen Schlüsse waren: Solch ein Atom kann nicht existieren; es müßte ein kontinuierliches Spektrum der Lichtwellen ausstrahlen, was dem Experiment widersprechen würde. Als Niels Bohr 1913 eine neue Theorie des Atoms vorschlug, die den Anspruch erhob, diese rätselhafte Erscheinung zu erklären, mußte er sich von bestimmten Prinzipien der alten Theorie trennen. Die neue Theorie erfüllte anscheinend die an sie gestellten Anforderungen. Sie erklärte die vorhandenen Fakten und mit ihrer Hilfe konnten neue Fakten vorausgesagt werden. Später hat sich jedoch herausgestellt, daß sie im Grundsatz zwar entwicklungsfähig, aber nicht allseitig richtig war, weil sie sich von der klassischen Physik noch nicht genug entfernt hatte.[16]

Der Sprung zur neuen Wissensqualität kann in seinem Inhalt unterschiedlich sein. In manchen Fällen handelt es sich um grundsätzlich neue Denkweisen, die sich als dialektische Negation des bisher Erreichten, nicht selten in einer zeitaufwendigen Auseinandersetzung mit den vorherrschenden wissenschaftlichen Auffassungen, durchsetzen. So war es z. B. bei der Entdeckung von Mendel.[17] Anders verlaufen qualitative Sprünge, wenn die neue Qualität nicht so sehr zu einem Bruch mit den bisherigen Traditionen führt, sondern vielmehr auf einer Synthese von Wissen aufbaut, mit der sich viele Wissenschaftler sofort identifizieren, weil sie erkennen, daß auch ihre Ergebnisse in das neue Wissen eingegangen sind bzw. es stützen. Dies veranschaulicht die Entdeckung der chemischen Struktur und der biologischen Funktion der DNS.[18]

2. Ein kritisches Problem nimmt eine Schlüsselstellung im wissenschaftlichen Erkenntnisprozeß bzw. bei der Nutzbarmachung von Forschungsergebnissen in dem Sinne ein, daß es einen Engpaß bildet, um den sich Forschungstätigkeiten solange stauen, bis ein entsprechender Durchbruch erzielt wird. Die gesellschaftliche Funktion der Wissenschaft bzw. der weitere Erkenntnisfortschritt in der Entwicklung der Wissenschaft selbst werden an dieser Stelle durch ein kritisches Problem gewissermaßen blockiert.

So einen Engpaß bildete in der Chemie Mitte des vorigen Jahrhunderts das

[16] Vgl. M. V. Vol'kenštejn: Perekrestki nauki, a. a. O., S. 82f.

[17] Vgl. V. N. Sojfer: Zu den allgemeinen Bedingungen der rechtzeitigen Bewertung wissenschaftlicher Entdeckungen, in: Autorenkollektiv: Wissenschaftliche Entdeckungen – Probleme ihrer Aufnahme und Wertung, hrsg. in deutscher Sprache von L. Kannengießer und G. Kröber, Berlin 1974, S. 117.

[18] Vgl. ebenda

Fehlen einer Entwicklung, die später zum Periodensystem der Elemente von Mendelejev führte.[19]

Solche Beispiele lassen sich aber keineswegs nur aus der Geschichte der Wissenschaft zeigen. Gegenwärtig bildet z. B. einen ähnlichen Engpaß von mindestens gleicher Tragweite die noch zu bewältigende „Periodisierung" der Elementarteilchen.[20]

Bestimmte kritische Probleme zeigen nicht nur Engpässe auf dem jeweiligen Forschungsgebiet an, sondern erhalten darüber hinaus die Funktion eines Hauptkettengliedes in der Reihe von auf- und nebeneinanderfolgenden Entdeckungen und Entwicklungen auch in anderen Bereichen. Sie können die Herausbildung einer tragenden Konzeption für die Entwicklung von Forschungsrichtungen und Wissenschaftsdisziplinen blockieren. Die Entstehung eines Knotenproblems bzw. -punktes bleibt aus, hiermit auch der Erkenntnisfortschritt auf einer viel breiteren Front des Vorstoßes ins Neuland. So einen Fall schildert Kedrov am Beispiel der Entdeckung des Elektrons.[21]

3. Beim Auftreten von kritischen Problemen zeigt sich, daß es in der jeweils historisch konkreten Situation vorrangige Auswirkungsmöglichkeiten oder Effekterwartungen gibt, je nachdem, ob es sich

- um kritische Probleme handelt, deren Lösung neue Ziele für gesellschaftliche Entwicklungsprozesse einschließlich der Forschung gestattet und nicht eindeutig in Beziehung zu bereits gesetzten Zielen gestellt werden kann („kritische Resultatprobleme");
- um kritische Probleme handelt, deren Lösung den Weg zur Erreichung bereits erkannter und anvisierter Ziele frei macht bzw. erst zeigt („technologische kritische Probleme").

Es geht also um gewichtige wissenschaftliche Problemstellungen und ihren Bezug zu Zielen und Wegen in der weiteren gesellschaftlichen und, darin eingeschlossen, Erkenntnisentwicklung. Weil diese Zuordnung für Planungsfragen bedeutsam ist, soll auf die beiden Gruppen etwas näher eingegangen werden.

[19] Vgl. B. M. Kedrov: Die wissenschaftliche Entdeckung und die Information über sie, in: Autorenkollektiv: Wissenschaftliche Entdeckungen . . ., a. a. O., S. 54, S. 56.

[20] Vgl. M. V. Vol'kenštejn: Perekrestki nauki, a. a. O., S. 76; B. M. Kedrov: Mechanizm vozniknovenija . . ., in: Vestnik akademii nauk, a. a. O., S. 67.

[21] Vgl. B. M. Kedrov: Mechanizm vozniknovenija . . ., in: Vestnik akademii nauk a. a. O., S. 63.

„Kritische Resultatprobleme“

Die Revolution in der Physik[22] stand mit Forschungen auf bisher vernachlässigten Gebieten in Verbindung, in denen Effekte festgestellt wurden, die sich in das klassische Bild der Physik nicht ohne weiteres einordnen ließen. Nur wenige Wissenschaftler erblickten darin Widersprüche, die für den weiteren Fortschritt der Wissenschaft einen Engpaß bildeten. Die Beseitigung dieses Engpasses führte aber zu unerwarteten Ergebnissen, die ganze Kettenreaktionen von Folgeentwicklungen auslösten. Das Hervorstechende ist, daß sich hinter diesen Entwicklungen eine Unkenntnis bezüglich der Resultate verbarg, die ihrem Wesen nach über das „gewöhnliche“ Maß an Unbestimmtheiten von Forschungsergebnissen und Zielen bei weitem hinausging.

„Technologische kritische Probleme“

Diese Gruppe von Problemen läßt sich auch so beschreiben: Die Gesellschaft könnte mehr an gewünschten Zielen realisieren, wäre nicht ein Teil derselben durch ungelöste kritische Probleme in der Technologie zur Erreichung dieser Ziele blockiert. Ein Beispiel hierfür bietet die Analyse der Entwicklung eines künstlichen Herzens.[23] Die Abbildung 6 soll veranschaulichen, wie ein System von kritischen Problemen von Experten aus der funktionellen Darstellung der Entwicklung abgeleitet werden kann. Als fehlende Teillösungen blockieren kritische Probleme den Weg zur Schaffung eines künstlichen Herzens. Sie können in dieser Struktur mit bereits im voraus definierten gewünschten Parametern und Lösungsvorschlägen in Verbindung gebracht werden:

- (2. 1.) Als Energiequelle fungiert das radioaktive Isotop Plutonium 238. Es wird gleichzeitig erwogen, erforderliche Energie aus der Hautoberfläche bzw. aus den biochemischen Prozessen im Körperinnern zu gewinnen.
- (2. 2.) Bei der Entwicklung von biologisch inerten Werkstoffen müssen „antithrombogene“ Stoffe geschaffen werden. Dies deutet bereits auf Probleme bzw. Aufgaben hin, die in Verbindung zu Forschungen in Chemie, Metallurgie, Glas/Keramik usw. stehen können.

[22] Vgl. J. D. Bernal: Die Wissenschaft in der Geschichte. a. a. O., S. 468.

[23] Das Beispiel mit dem künstlichen Herzen, das nur Anschauungszwecken dient, wurde aus dem Interview mit Prof. Dr. Schumakow, Direktor des Instituts für Organ- und Gewebetransplantation beim Ministerium für Gesundheitswesen der UdSSR, abgeleitet (vgl. Wochenpost Nr. 11 vom 7. 3. 1975, S. 8). Die Alternative mit der Herztransplantation, darunter Transplantation der „Herzkrücke“, stützt sich auf das Interview mit Prof. Barnard (vgl. Literaturnaja gazeta Nr. 11 vom 12. 3. 1975, S. 13); vgl. auch: Bol'šaja medicinskaja enciklopedija, Moskau 1971, S. 930–935.

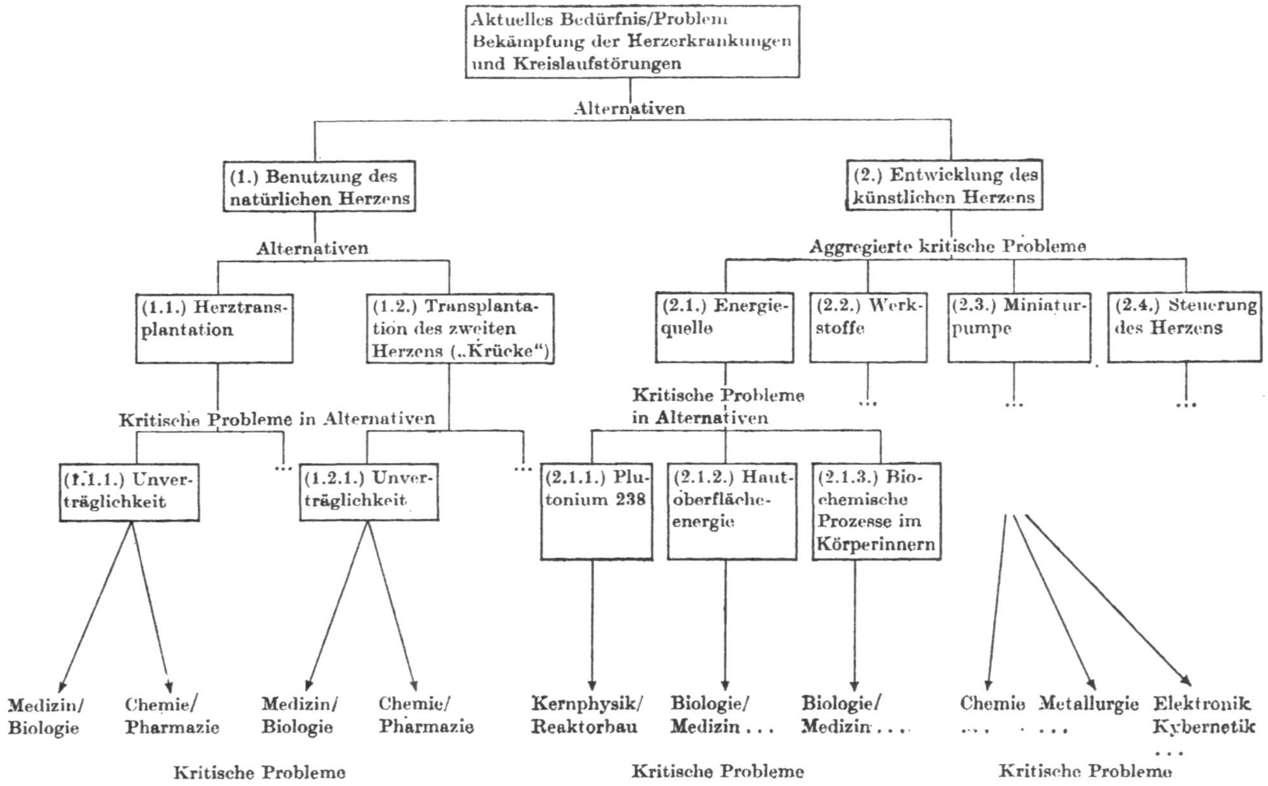

Abb. 6: Beispiel für die Herausarbeitung der Struktur von kritischen Problemen in einem Dekompositionsverfahren

- (2. 3.) Das künstliche Herz benötigt Miniaturpumpen. Von ihnen wird gefordert, daß sie Blutbestandteile möglichst wenig beschädigen.
- (2. 4.) Die Steuerung des künstlichen Herzens muß notwendigerweise durch „eingebaute“ Impulsgeber erfolgen.

Eine Aufgliederung wie in der Abbildung 6 dient zur Ableitung von elementaren kritischen Problemen auf den untersten Dekompositionsebenen. Notwendige neue Entwicklungen können durch diese Darstellungsart fixiert werden. Dadurch ergeben sich auch Hinweise auf entsprechende kritische Probleme. Die sich anschließende Analyse muß dann zeigen, inwieweit und wie der Engpaß überwunden werden könnte. Offensichtlich ist es dabei sinnvoll, die Ausarbeitung der Struktur (siehe Abb. 6) mit einer morphologischen Analyse zu verbinden, um möglichst viele bereits bestehende Lösungsmöglichkeiten, d. h. bereits gesicherte Ergebnisse, zu erfassen.

4. Bearbeitung und Lösung kritischer Probleme sind offensichtlich mit besonderen Anforderungen verbunden, vor allem an die Leistungsfähigkeit der Forscher. Aus der Geschichte der Wissenschaft läßt sich beschreibend zeigen, daß bestimmte hervorragende Persönlichkeitseigenschaften in der einen oder anderen Form stets wichtig für die Lösung von kritischen Problemen waren. Dazu gehören unter anderem:

- Begeisterung für die Forschungstätigkeit, insbesondere für die Suche nach ungewöhnlichen Entdeckungen, Entwicklungen und Feststellungen; Intuition;
- hohe Beobachtungsgabe, Fähigkeit, einen Widerspruch aufzudecken und als Problem zu erfassen;
- schöpferische Suche nach neuen Lösungswegen, wenn erforderlich, auch Trennung von konventionellen Denkschemata, Methoden, Herangehensweisen, Instrumentarien usw.;
- Bereitschaft zum Risiko, Mut, Ausdauer, Stehvermögen, kombiniert mit hohem gesellschaftlichem Bewußtsein und Parteilichkeit.

Diese Eigenschaften und andere sind bei der Lösung von Forschungsproblemen überhaupt wichtig. Sie sind bei der Bewältigung kritischer Probleme in besonderem Maße für den Erkenntnisfortschritt entscheidend.

Die Lösung eines kritischen Problems setzt möglicherweise einen gewissen Bruch mit dem bisherigen Denkschema voraus, mit Traditionen und Gewohnheiten, erfordert eventuell die Trennung von liebgewordenen eingefahrenen Forschungswegen sowie -prinzipien u. ä. Oft spielen deshalb die nichtkonventionellen Einstellungen und Denkweisen der Forscher eine entscheidende Rolle für einen Durchbruch. In manchen Fällen ist dies so wesentlich, daß bestimmte Durchbrüche gerade von „Außenseitern“ eingeleitet werden, die den „Vorteil“ besitzen, mit bisherigem Wissen und Traditionen nicht in dem Maße „vorbelastet“ zu sein wie die Fachspezialisten, und den bereits eingebürgerten Schulen und Lehrmeinungen nicht in dem Maße verbunden sind. Dies veranlaßte Bernal sogar zu der folgenden Feststellung: „Die meisten grundlegenden Fortschritte in einzelnen Zweigen der Wissenschaft wurden tatsächlich von Gelehrten erzielt, die gerade in dieser Wissenschaft verhältnismäßig wenig Erfahrung besaßen. Die Umwälzung in der Chemie des 18. Jahrhunderts wurde von Priestley herbeigeführt, der selbst kein Chemiker war; es ist bemerkenswert, wie häufig große Fortschritte in der Medizin von Männern wie Pasteur ausgingen . . ."[24]

Die Reihe solcher Beispiele ließe sich bis in die jüngste Zeit fortsetzen. Die Einführung der elektronischen Datenverarbeitung wurde von Außenseitern eingeleitet. Bekanntlich waren es Konrad Zuse in Deutschland mit dem Modell Z 3 (1941) sowie die Amerikaner Aiken, Stibitz, Eckert und Mauchly, die unabhängig voneinander diese Entwicklung begannen.

Welche Schlüsse können daraus gezogen werden? Erstens deutet dies auf ein echtes Problem der Wissenschaftsentwicklung hin, das im Verhältnis von Kontinuität und Diskontinuität des Wissenszuwachses, von Fortsetzung bisheriger Strukturen der wissenschaftlichen Erkenntnisse und Notwendigkeit qualitativer Veränderungen und Verschiebungen besteht. Zweitens beleuchtet dies besonders die Rolle der Qualitäten eines Forschers bei der Beherrschung des akkumulierten Wissens auf einem bestimmten Gebiet. Hier muß man unterscheiden zwischen der Lösung eines kritischen Problems, dem Durchbruch aus bisherigen festverankerten Denkweisen, theoretischen Konzepten, eingefahrenen Forschungstechniken und der systematischen und kontinuierlichen Weiterentwicklung, Vertiefung sowie dem Ausbau von bestehenden bzw. bereits im Prinzip angelegten Wissenssystemen und -strukturen. Drittens darf dies nicht zu dem Versuch verleiten, daraus eine Art „Regelmäßigkeit" abzuleiten, daß fehlende „Vorbelastung" mit Fachwissen die beste Voraussetzung dafür ist, ein kritisches Problem zu lösen. Meistens sind solche Außenseiter keine Dilettanten, sondern durch ein verwandtes Wissensgebiet für die neue Problemstellung vorbereitete Wissenschaftler – ein Phänomen, das durch die Erforschung der Rolle von Grenzgebieten teilweise zu klären versucht wird, aber noch intensiver weiterer Untersuchungen bedarf. Diese Erscheinung ist nicht nur aus der Vergangenheit bekannt. In dieser oder jener Form modifiziert tritt sie auch in der Gegenwart auf und entscheidet mit über die Effektivität der Forschung.

Aus der Menge von möglichen Beispielen kritischer Probleme wurden hier absichtlich erfolgreiche Entwicklungen erwähnt. Es gibt aber auch Fälle, in denen eine vom Standpunkt der Bedürfnisbefriedigung wichtige Entwicklung nicht gelang, weil u. a. bestimmte kritische Probleme nicht gelöst werden konnten, obwohl der „historische" Zwang zu ihrer Lösung bestand.

Eine Reihe von Aspekten ist zwar nicht nur für kritische Probleme relevant, verdient in Verbindung mit ihnen aber besondere Aufmerksamkeit. Sie sollen nur kurz erwähnt werden:

[24] J. D. Bernal: Die Wissenschaft in der Geschichte, a. a. O., S. 833.

- Kritische Probleme können sowohl durch das Heranreifen von bestimmten Bedürfnissen der gesellschaftlichen Praxis wie durch den Fortschritt im wissenschaftlichen Erkenntnisprozeß selbst oder durch beider Zusammenwirken hervorgerufen werden.
- Die Entstehung von kritischen Problemen ist ein objektiver Prozeß und bedeutet Reaktion auf bestimmte Entwicklungen in Natur und Gesellschaft, ihre Wechselbeziehungen sowie auf ihre Widerspiegelung im Denken. Sie werden deshalb durch Natur-, technische und Gesellschaftswissenschaften und in wachsendem Maße durch deren Zusammenwirken widergespiegelt und behandelt.
- Im Prinzip kann ein kritisches Problem unterschiedlich bedeutend, beliebig groß oder klein, komplex, kompliziert oder einfach sein.
- Die Wichtigkeit der Lösung für die Befriedigung von praktischen Bedürfnissen bzw. für die Weiterentwicklung der Wissenschaft selbst (oder für beides) steht oft in keinem linearen Verhältnis zum notwendigen Einsatz der gesellschaftlichen Ressourcen für die Bearbeitung von kritischen Problemen.

Die Untersuchung und Beschreibung von Merkmalen und ausgewählten Aspekten kritischer Probleme bildete eine notwendige Voraussetzung, um sie zusammenfassend zu charakterisieren. Danach sind kritische Probleme (in den Natur-, technischen und Gesellschaftswissenschaften) eine besondere Art von Forschungsproblemen. Sie zeigen Engpässe im wissenschaftlichen Erkenntnisprozeß (bei der Lösung verschiedenartiger Aufgaben der gesellschaftlichen Praxis sowie in der Entwicklung der Wissenschaft selbst), die durch die einfache Fortführung bisheriger theoretisch-konzeptioneller, methodologischer, technologischer, experimenteller und sonstiger Herangehensweisen im einzelnen sowie in deren unterschiedlichen Kombinationen nicht mehr überwunden werden können. Um solche Engpässe stauen sich international und national Forschungsaktivitäten, bis ein Durchbruch zu neuer Wissensqualität vollzogen wird bzw. erreicht werden müßte. Die Herausbildung von kritischen Problemen ist damit ein Indikator von heranreifenden möglichen qualitativen Sprüngen in der Wissenschaft sowie entsprechenden resultierenden Auswirkungen auf die Produktivkräfte und generell auf die Lösung unterschiedlicher Aufgaben der gesellschaftlichen Praxis. Das Auftreten kritischer Probleme ist ein objektiver Prozeß in der Wissenschaftsentwicklung, der sich aus der komplizierten Verflechtung verschiedener Erkenntnisprozesse und aus dem immer wieder zu vollziehenden Übergang zu neuen Wissensebenen notwendig ergibt und eine wesentliche Erscheinung darstellt, die bei der aktiven gesellschaftsbewußten Gestaltung der Wissenschaftsentwicklung besonders beachtet zu werden verdient.

Herausgenommen aus diesem Begriff des kritischen Problems wird der überwiegende Teil der Forschungsprobleme, die vor allem durch systematische Vertiefung und Ausbau des Wissens gelöst werden können sowie durch schöpferische Aufbereitung von Forschungsergebnissen für die Nutzung in der gesellschaftlichen Praxis zur Erkenntnisanreicherung führen, bei denen keine Engpässe in der genannten Art auftreten. Genausowenig „kritisch“ ist die systematische Anwendung des bereits erprobten Wissens bei der Lösung von zahlreichen praktischen Problemen, z. B. bei der Entwicklung von neuen Erzeugnissen und Verfahren auf der Grundlage von bestehenden Grundsatzlösungen. In diesen Zusammenhang gehören auch solche Entdeckungen, die durch eine systematische Anwendung von neuen Methoden, Geräten und Gerätesystemen u. a. m. (die jede für sich auch die Lösung eines kritischen Problems sein können) auf andere Gebiete bzw. durch das „Abtasten“ von bereits bekannten Forschungsgebieten gemacht werden. Auch nicht jeder qualitative Sprung im Erkenntnisfortschritt trägt die Merkmale eines kritischen Problems.

5.3. Zur Nutzung der Kenntnisse über kritische Probleme für die Prognostizierung und Planung der Forschung

Kritische Probleme bilden in der gesamten Menge von Forschungsproblemen anteilmäßig eine geringe Zahl. Anders ausgedrückt: Der überwiegende Teil der Forschungstätigkeiten wird mit mehr oder weniger konkret und differenziert bestimmten Zielen gewissermaßen als einfache Fortführung der bisherigen Aktivitäten betrieben. Demzufolge kann – unter Berücksichtigung der der Forschung immanenten Unbestimmtheiten – ein großer Teil der Forschungsarbeiten relativ zuverlässig prognostiziert und geplant, die weitere Nutzung von Ergebnissen in der Wissenschaft bzw. in der gesamten gesellschaftlichen Praxis vorausgesehen und angesteuert werden.

Kritische Probleme haben jedoch einen stärkeren Unbestimmtheitscharakter. Die mit der Grundlagenforschung schlechthin verbundenen Unbestimmtheiten sind entsprechend den Merkmalen kritischer Probleme in besonderer Weise ausgeprägt. Hier stellt sich das Ausgangswissen vor allem als Bewußtwerden über einen Widerspruch dar (zwischen erzielten Forschungsresultaten und ihrer – nicht voll möglichen – Erklärung im Lichte bestehender theoretischer Konzepte und Prinzipien, zwischen gewünschten bzw. anvisierten Zielen und den grundsätzlichen Möglichkeiten zur Überwindung von Engpässen auf dem Wege zur Zielrealisierung u. ä.). Und dabei bleibt zumindest zum Zeitpunkt der Planung unbestimmt, ob überhaupt ein Resultat erzielt werden wird, welches geeignet ist, den Engpaß im Erkenntnisfortschritt zu überwinden. Es läßt sich im voraus auch schwer bzw. überhaupt nicht sicher einschätzen, welche konkrete Form die Lösungen kritischer Probleme annehmen, welche Einflüsse und Auswirkungen sie auslösen werden und welcher Zeitabschnitt für den Lösungsprozeß annähernd anzudeuten ist (oft ist die Aussage oder Behauptung, ein Problem werde bis zum Jahre 2000 nicht gelöst, nicht ein Resultat zuverlässiger Zeitschätzungen, sondern vielmehr der Ausdruck für den kritischen Charakter des Problems). Es bleibt auch offen, ob das erforderliche Resultat in der Forschungsrichtung erzielt werden wird, in der das kritische Problem erkannt wurde.

Die Lösung kann durchaus auf einem anderen Wege erzielt werden, der dabei nicht unbedingt durch „eigene" kritische Probleme markiert zu sein braucht. Viele Erfolge und Durchbrüche werden daher durch Einflüsse aus sogenannten Grenzgebieten der Wissenschaften bewirkt.

Die Unbestimmtheiten sind auch bei der Nutzung von Forschungsergebnissen auf Grund der Lösung kritischer Probleme stärker „zugespitzt". Dabei muß berücksichtigt werden, daß die volkswirtschaftlichen Auswirkungen bzw. Größenordnungen in jeder Stufe des Übergangs von der Forschung in die gesellschaftliche Praxis zunehmen. Zum Beispiel werden in der Forschung selbst – volkswirtschaftlich und als Anteil am jeweiligen gesamten gesellschaftlichen Aufgabenkomplex gesehen – relativ geringe Ressourcen zur Lösung von kritischen Problemen oder für die spezifische Forschung eingesetzt. Anders sieht es bei der Nutzung von naturwissenschaftlich-technischen Forschungsergebnissen aus. Sie erfordert Investitionen, Arbeitskräfte, gegebenenfalls auch Produktionsumstellungen u. a. m., die den Aufwand an Ressourcen für die Erforschung der kritischen Probleme oft mehrfach übersteigen. Es kommt hinzu, daß die Bestimmung der Ressourcen in den Folgeprozessen sowie ihre zeitliche Festlegung relativ eindeutige und verbindliche Fixierungen erfordern. Allein diese skizzenhaften Andeutungen zu den einzusetzenden gesellschaftlichen Ressourcen zeigen, welche große Bedeutung die Unbestimmtheiten kritischer Probleme bei der volkswirtschaftlichen Nutzung erzielter oder potentiell möglicher Resultate erlangen können. Berücksichtigt man dazu, daß ein Teil der Unbestimmtheiten im Prozeß der Erkenntnisgewinnung reduziert wird – was Voraussetzung einer breiten Nutzung ist –, daß die gesellschaftlichen Auswirkungen in ihrer Größe, Intensität und in ihrem zeitlichen Eintreten zum Zeitpunkt des Erkennens kritischer Probleme noch nicht oder nur zum Teil und sehr schwer abgesehen werden können, so wird damit sichtbar, daß die Einbeziehung der kritischen Probleme eine Reihe komplizierter Fragen auch der Planung des wissenschaftlich-technischen Fortschritts mit sich bringt. Kritische Probleme sind damit nicht nur in der Forschungsplanung schwer zu beherrschen, sondern auch ein Risikofaktor in der Volkswirtschaftsplanung. Bei der weiteren Vervollkommnung der Leitung und Planung muß deshalb auch dieser Fragenkomplex entsprechend seiner Bedeutung für die Beschleunigung des wissenschaftlich-technischen Fortschritts berücksichtigt werden.

Dem geringen Anteil von kritischen Problemen an den Forschungsproblemen insgesamt steht ihre große Bedeutung für die Befriedigung von praktischen Bedürfnissen bzw. für Fortschritte in der Wissenschaft gegenüber.

Das Erkennen und Lösen von kritischen Problemen kann zu neuen Prinziplösungen führen, grundsätzlich neue Wege bei der Realisierung von praktischen Aufgaben bzw. im Erkenntnisfortschritt erschließen, potentiell eine neue Qualität in der Beherrschung von gesellschaftlichen und Naturprozessen, ein neues Niveau des Wissens eröffnen.

Sind mit dem qualitativen Sprung bei der Lösung eines kritischen Problems voraussichtlich große Auswirkungen auf die Entwicklung der Produktivkräfte (z. B. die gesteuerte Kernfusion) sowie weitere darauf folgende Kettenreaktionen (z. B. bezüglich der Energieversorgung und Anwendung der Energie) verbunden, so markiert ein solches kritisches Problem eine Durchbruchstelle im Sinne von Dobrov.[25]

In bestimmten Fällen bildet die Lösung von kritischen Problemen die Voraussetzung für die Herausbildung des Kerns einer neuen Forschungsrichtung, ordnet bereits erzielte Teilergebnisse, induziert die Entwicklung eines Knotenpunktes bzw. eines Knotenproblems, von dem aus die darauffolgenden Forschungen orientiert und weiterentwickelt werden. In diesem Sinne bilden kritische Probleme das Vorfeld von solchen Knotenpunkten bzw. -problemen, auf die Kedrov hinweist.[26] Die prognostische Untersuchung von solchen kritischen Problemen kann damit Hinweise auf das rechtzeitige Erkennen von Knotenpunkten bzw. -problemen ermöglichen und deshalb auch für das Prognostizieren des wissenschaftlich-technischen Fortschritts große Bedeutung erlangen.

Die Berücksichtigung kritischer Probleme im Planungsprozeß ist um so bedeutungsvoller und notwendiger, je länger der Planungszeitraum ist. Der wissenschaftlich-technische Fortschritt, die Beherrschung von gesellschaftlichen Prozessen für die nächste Zukunft stützen sich weitgehend auf die bereits vorhandenen Prinziplösungen. Die weitere Zukunft erfordert aber in zunehmendem Maße eine neue Qualität des gesellschaftlichen Handelns und die Berücksichtigung entsprechender sich eröffnender neuer Möglichkeiten. Längere Zeiträume ermöglichen es auch, den gesamten Zyklus der Lösung kritischer Probleme bis zur Realisierung der Resultate zu vollziehen. Planung ohne Berücksichtigung eventuell auftretender kritischer Probleme bedeutet mit anderen Worten Weiterentwicklung des bisherigen Wissens und der gesellschaftlichen Handlungsmöglichkeiten im wesentlichen durch Systematisierung, Vertiefung, Ausbau, Vervollkommnung etc. auf der Basis der bereits erkannten und teilweise bekannten Prinziplösungen. Sich vollziehende qualitative Sprünge kommen dann unerwartet, die Überwindung des Engpasses im wissenschaftlichen Erkenntnisprozeß geschieht gewissermaßen spontan und unter ungünstigen Bedingungen.

25 Vgl. G. M. Dobrov: Prognostik in Wissenschaft und Technik, a. a. O., S. 37.

26 Vgl. B. M. Kedrov: Mechanizm vozniknovenija ..., in: Vestnik akademii nauk, a. a. O., S. 63

Wenn auch in den bisher erwähnten Beispielen für kritische Probleme meist bedeutende Entwicklungsprozesse der Wissenschaft angesprochen wurden, so sind gravierende Auswirkungen und große Dimensionen nicht Merkmale kritischer Probleme an sich. Ebenso kritisch können kleinere Fragestellungen sein, deren Lösungen einen Engpaß beseitigen. Kritische Probleme können bei der Arbeit einzelner Forscher wie auch in der kollektiven Forschungstätigkeit auftreten. Sie können Engpässe bei der Ausführung von Teilfunktionen markieren, sich auf eine komplexe Kollektivarbeit insgesamt beziehen, fundamentale Forschungsprobleme oder auch die Überwindung von Engpässen bei der Umsetzung von Forschungsergebnissen in die gesellschaftliche Praxis zum Inhalt haben. Damit entsteht gleichzeitig die Frage, auf welcher Ebene im Aufbau der gesamten Forschung kritische Probleme auftreten. Es ist für die Prognostizierung und Planung und für wissenschaftspolitische Entscheidungen durchaus bedeutungsvoll, ob es sich um kritische Probleme handelt, die für einzelne Forschungsarbeiten, für komplexe Problemstellungen, für Forschungsrichtungen, für ganze Forschungsprogramme, für die nationale oder die internationale sozialistische Wissenschaftsentwicklung oder auch im Rahmen der Zusammenarbeit zwischen sozialistischen und kapitalistischen Staaten bedeutsam sind. Diese Zuordnung kann jedoch nicht formell betrachtet werden. Kritische Probleme der unteren Ebenen können durchaus zu solchen Durchbrüchen führen, die Schwerpunkte der Forschung verändern oder ganze Programme beeinflussen. Insofern kann sich die Bedeutung und damit die hierarchische Einordnung der kritischen Probleme auch ändern.

Bei der Prognostizierung und Planung der Forschung muß man sich auch immer die Frage stellen, ob es sich im konkreten Fall um tatsächliche oder um fiktive kritische Probleme handelt. Fiktiv kann ein zunächst als kritisch betrachtetes Problem sein, wenn es sich international als bereits gelöst erweist und ausschließlich fehlende Informationen den Eindruck der kritischen Funktion eines Problems erweckten (es sind also keine Stauungen von Forschungsaktivitäten zu verzeichnen).[27] Ähnlich liegt der Fall, wenn nach näherer Betrachtung ein Forschungsproblem auf der Grundlage bereits erarbeiteten Ausgangswissens bzw. durch modifizierte, aber im Prinzip bereits bekannte Methoden und Instrumentarien gelöst werden kann (also kein qualitativer Sprung erforderlich ist).

Im Planungsprozeß sind daher kritische Probleme stets in ihren vielfältigen Zusammenhängen zu betrachten und wenn möglich zu erfassen. Zu einem solchen systemanalytischen Herangehen gehört auch die Frage nach ihrer

[27] Dabei kann durchaus der Fall eintreten, daß ein solches, streng genommen fiktives kritisches Problem im Forschungsprozeß und bei dessen Planung wie ein tatsächliches behandelt werden muß, wenn es schwierig ist, die erforderlichen Unterlagen international zu beschaffen und daher die betreffende Frage einen Engpaß für die Erfüllung notwendiger Aufgaben darstellt.

Entstehung und nach ihren Lösungsbedingungen. In groben Umrissen kann das wie folgt geschildert werden:

Die *Entstehung eines kritischen Problems* hängt – wie vorn dargelegt – mit dem Auftreten eines Widerspruchs und seiner gedanklichen Widerspiegelung zusammen. Nach der vorgenommenen Kennzeichnung bedeutet die Identifizierung des kritischen Charakters eines Problems, daß sein Engpaßcharakter und eine mögliche Blockierung des Wissensfortschritts bzw. der Lösung einer praktischen Aufgabe festgestellt werden konnten. Stauungen von Forschungstätigkeiten sind ein Ausdruck dafür, daß eine neue Qualität der Problemlösung erforderlich ist. Aus der subjektiven Erfassung des existierenden oder sich herausbildenden Widerspruchs müssen bei der Problemformulierung Verbindungen zu den zu realisierenden Forschungstätigkeiten, Schlüsse über Gewicht, Plazierung, gesellschaftliche Relevanz gezogen sowie gewisse Vorstellungen über Wichtigkeit und Reihenfolge daraus resultierender weiterer Probleme erreicht werden.

Bei der *Entwicklung von Zielen* im Zusammenhang mit kritischen Problemen besteht die Schwierigkeit darin, daß die später erzielten Resultate und sich eröffnenden Möglichkeiten in den ursprünglichen Zielvorstellungen hypothetisch kaum abgebildet werden können. Nicht selten bestehen Forschungsziele hier in der Angabe einer Richtung für die Untersuchungen, z. B. in der bloßen Aufforderung zur Aufdeckung eines Widerspruchs bzw. der Gründe für seine Herausbildung. Meist wird es erst im Verlaufe des Forschungsprozesses möglich, konkretere Zielangaben zu entwickeln und zu präzisieren. Hier gibt es die gleiche Situation wie in der Erkundungsforschung. Dabei zeichnen sich kritische Probleme dadurch aus, daß – infolge des qualitativen Sprunges bei ihrer Lösung – noch relativ große Abweichungen zwischen dem im Planungs- und Forschungsprozeß entwickelten Ziel und dem tatsächlichen Resultat möglich und häufig sind. Dementsprechend unbestimmt sind auch Prognosen. Erst bei einem solchen Entwicklungsstand der Forschung, der Folgerungen (Hypothesen) über die angestrebten Resultate und ihre praktische Nutzung zuläßt, liegen auch die erforderlichen Prämissen für begründetere Prognosen vor. Erst wenn relativ zuverlässige Angaben über wissenschaftlich-technische, ökonomische und sonstige Parameter, Folgeprozesse u. ä. erarbeitet werden, kann die Anwendung einer Entwicklung geplant werden. Sie verliert jedoch in diesem Prozeß schon vorher ihren kritischen Charakter.

Dieser unbestimmte und iterative Charakter der Zielentwicklung erfordert es, bei der *Bereitstellung von Mitteln und der Schaffung von notwendigen Bedingungen* genügend variabel bzw. flexibel zu sein. Hier dürfte sich der Grundsatz bewähren, zunächst durch einen gewissen Potentialeinsatz zur weiteren Aufklärung der Problemstruktur, der möglichen Wege und Lösungsaussichten zu gelangen, gegebenenfalls auch an verschiedenen Stellen oder durch mehrfache Ansätze, um damit Voraussetzungen für eine präzisere Planung von Mitteln und Bedingungen zu schaffen, die dem kritischen Problem (wahrscheinlich) adäquat sind.

Die *Lösung eines kritischen Problems* hebt den vorherigen Engpaß auf.[28] *Theoretisch* kann sich nun herausstellen, ob bisherige Erwartungen und Vermutungen sich bewahrheiten, d. h. ob ein wirklicher Durchbruch erzielt, ob ein Kern für eine neue Forschungsrichtung geschaffen, ob revolutionäre Veränderungen in der Wissenschaft ausgelöst wurden u. a. m. *Praktisch* kann eine solche Einschätzung aber auch erst dann möglich werden, wenn die erreichte Lösung in ihrer Verflechtung mit anderen Bereichen der Gesellschaft (und dabei besonders der Wissenschaft) untersucht werden kann oder wenn Erkenntnisfortschritte auf anderen Gebieten die Bedeutung dieses „ehemaligen kritischen“ Problems und seiner Lösung hervorheben. Nach der Lösung eines kritischen Problems ändert sich der Charakter der Forschung. In den Vordergrund treten nun die systematische Vertiefung und Vervollkommnung des Wissens, die Ausdehnung der Anwendungsphären neuer Methoden und Prinzipien u. a. m. Das sind zum Teil Prozesse, die der Prognostizierung und Planung zugänglicher sind (wie etwa Steigerung der Meßgenauigkeit, Erhöhung der Drücke bei der Untersuchung der Eigenschaften von bestimmten Stoffen, Senkung der Temperatur zur Untersuchung der Supraleitfähigkeit, Prüfungen unter praxisnahen Bedingungen etc.). Hat die Ermittlung kritischer Probleme und ihre Einbeziehung in Forschungspläne für andere gesellschaftliche Bereiche zunächst vorwiegend informativen prognostischen Wert, so gibt ihre Lösung die Möglichkeit, die daraus resultierenden Forschungen in die entsprechenden Planungen einzubeziehen.

Prognostische Arbeiten sollen und können sich aber nicht isoliert lediglich auf ein oder mehrere kritische Probleme und deren Bedeutung und Entwicklung beziehen. Vielmehr sollte diesen besonderen Forschungsproblemen im Rahmen der wissenschaftlich-technischen Prognostizierung und Planung besondere Aufmerksamkeit geschenkt werden. Im Zuge dieser Tätigkeit sollte angestrebt werden, kritische Probleme aufzunehmen, Aussagen über bereits bestehende zu korrigieren und zu präzisieren, Lösungen, die sich international und national anbahnen, zu fixieren, Auswirkungen möglicher Lösungen auszuweisen und – was besonders wichtig ist – die kritischen Probleme im Zusammenhang mit dem gesamten Erkenntnisfortschritt zu betrachten und mit sozialen, ökonomischen, politischen und sonstigen Entwicklungen in Verbindung zu bringen.

Die Identifizierung kritischer Probleme erfordert eine stärkere Einbeziehung sachkundiger Wissenschaftler. Hier liegt ein besonderes Anwendungsfeld für Experten-Methoden. Man kann dabei einerseits unterscheiden zwischen

[28] Dabei ist das Nichterreichen einer Lösung in einer historisch konkreten Situation ebenfalls möglich. In der Technik bedeutet dies, ggf. auf Alternativlösungen umzuschalten bzw. das Projekt zu streichen.

der prognostischen Erfassung bereits existierender kritischer Probleme durch führende Wissenschaftler auf Grund ihrer Kenntnis des internationalen und nationalen Entwicklungsstandes und der Fähigkeit zu einer objektiven Einschätzung und andererseits der ursprünglichen Aufdeckung und Bearbeitung kritischer Probleme durch die unmittelbar an ihnen arbeitenden Forscher. Die Expertenarbeit bedarf jedoch einer Orientierung und der Unterstützung. Dabei kann das systemanalytische Vorgehen nutzbringend sein.

Die Wissenschaft kann zwar in einzelne Wissenschaftsdisziplinen, Forschungsrichtungen und -gebiete, Themen usw. aufgegliedert werden, bildet jedoch letzten Endes eine Ganzheit. Veränderungen in einem Teil können Veränderungen in anderen Teilen bewirken, neue methodologische und theoretische Einflüsse, sogar ganze Kettenreaktionen von Entwicklungen hervorrufen. Ein kritisches Problem hat unter Umständen Bedeutung für Forschungstätigkeiten in anderen Disziplinen, ohne daß sich der es bearbeitende Wissenschaftler (oder das betreffende Kollektiv) darüber unbedingt im klaren ist. Solche Beziehungen und Verflechtungen lassen sich meist nicht direkt ermitteln. Das Systemherangehen bzw. die Systemanalyse zeigt günstige Voraussetzungen für die Synthese derartiger Spezialkenntnisse. Noch komplizierter erweist sich die Verbindung von kritischen Forschungsproblemen mit praktischen Bedürfnissen, gesellschaftlichen Entwicklungsprozessen sowie der Lösung von aktuellen Aufgaben. Vom Prinzip her handelt es sich hier um den iterativen Prozeß des Verbindens von Anforderungen der Praxis (Bedürfnisentwicklung und -befriedigung insbesondere) und Möglichkeiten des Erkenntnisfortschritts.[29] Die Geschichte der Wissenschaft zeigt, daß gerade die praktische Nutzung ihrer Ergebnisse oft das eigentliche „weiße Feld" für manche große Gelehrte war. Einen Weg könnte hier die funktionelle Beschreibung von kritischen Problemen (wenn ein gewisses fortgeschrittenes Stadium im Prozeß der Lösung bzw. das sich bereits abzeichnende Resultat dies erlaubt) unter dem Systemaspekt eröffnen.[30] Aus der Systemdarstellung können Schlüsse auf Zusammenhänge gezogen werden, die über das Einzelwissen der Wissenschaftler hinausgehen und die Aufdeckung und Lösung von bestimmten kritischen Problemen in den benötigten Richtungen (vor allem im Hinblick auf die Lösung von bestimmten praktischen Aufgaben) stimulieren und hiermit in einigen Fällen die Grenzen des Zufalls einengen. Durch das Systemherangehen könnten ferner das Wissen von Experten und Spezialisten auf entsprechende Prozesse der

[29] Vgl. dazu die Ausführungen in Kapitel 4.

[30] Man könnte z. B. auch die Frage stellen, ob eine funktionelle Beschreibung des Penizillins nach seiner Entdeckung solche Eigenschaften des neuen Stoffes angedeutet hätte, die einige Ansätze für seine praktische Nutzung bereits damals gezeigt hätten (über die bloße wissenschaftliche Feststellung des Tatbestandes hinausgehend).

Vorbereitung von Planentscheidungen ausgerichtet sowie Voraussetzungen für die Beherrschung großer Informationsmassive, ihre operative Nutzung für die Planung, für Präzisierungen und Korrekturen u. a. m. (gegebenenfalls bis zur EDV-gestützten Prognostizierung und Planung) geschaffen werden.[31]

5.4. Zusammenfassung

Wie die Beispiele aus der Wissenschaftsgeschichte zeigen, treten im Prozeß der Wissenschaftsentwicklung sogenannte kritische Probleme auf. Sie stellen Engpässe für den weiteren Erkenntnisfortschritt dar. Ihre Lösung ist mit einem qualitativen Sprung in der Erkenntnisentwicklung verbunden. Sie zeigen demnach auch bestimmte qualitative Sprünge an, darunter auch sogenannte Durchbruchstellen (nach Dobrov), und können auch als ein Merkmal betrachtet werden, das die „Knotenprobleme“ (nach Kedrov) an den Berührungs- bzw. Kreuzungspunkten der Entwicklung gesellschaftlicher Bedürfnisse und Erfordernisse einerseits sowie wissenschaftlich herangereifter Entwicklungslinien und Lösungsmöglichkeiten andererseits kennzeichnet. Das rechtzeitige Erkennen und Lösen kritischer Probleme ist daher gesellschaftlich wie wissenschaftlich von besonderem Interesse. Kenntnisse über das Entstehen und die Funktion kritischer Probleme können zum besseren Verständnis der Dialektik des wissenschaftlichen Erkenntnisprozesses beitragen und gegebenenfalls Wege eröffnen, die qualitative Sprünge in der Wissenschaftsentwicklung sowie bei der Nutzung entsprechender Forschungsergebnisse in der gesellschaftlichen Praxis effektiver zu beherrschen gestatten.

[31] Vgl. dazu das System RADAR (V. Nikolajew: Komplexes Prognostizieren des wissenschaftlich-technischen Fortschritts, Berlin 1977).

6. Methodologische Probleme eines rationellen problemorientierten Ablaufes der Planung der Grundlagenforschung

6.1. Zur Funktion von Planungsmethoden und Planungsprinzipien bei der Gestaltung des Planungsablaufes

Die Bestimmung von Zielen, Wegen und Mitteln der Forschung in der entwickelten sozialistischen Gesellschaft wird immer mehr zu einer wichtigen Teilentscheidung für die gesamtgesellschaftliche Entwicklung. Die Wechselwirkungen zwischen den verschiedenen Bereichen der gesellschaftlichen Praxis, darunter besonders der materiellen Produktion, der Technologie und Technik sowie der Wissenschaft, werden immer intensiver. Sie verlangen von der gesellschaftlichen Leitung dieser Prozesse langfristige und komplexe Planentscheidungen. Mit einer hohen Qualität der Pläne können rechtzeitig günstige Entwicklungen gefördert und Verluste durch Korrektur nichteffektiver Prozesse gering gehalten werden. Die Gestaltung eines jeden gesellschaftlichen Prozesses muß grundsätzlich zwei Aspekte berücksichtigen: seinen gesamtgesellschaftlichen Zusammenhang im Sozialismus sowie seine spezifischen Seiten und Aspekte, die ihn von anderen Prozessen abheben. Das trifft auch auf die organisierte menschliche Erkenntnis, die Forschung und besonders die hier betrachtete Grundlagenforschung zu.

Die Grundlagenforschung muß neues Wissen hervorbringen, das den Entwicklungserfordernissen der sozialistischen Gesellschaft gerecht wird; sie entwickelt neues Wissen entsprechend den Voraussetzungen, die die Gesellschaft durch Zielorientierungen, Schaffung von Entwicklungsmöglichkeiten, Bereitstellung von Ressourcen, Fonds und Potential bietet. Die Grundlagenforschung bringt mit neuem Wissen auch Erkenntnisse hervor, die über die zur Zeit formulierten Bedürfnisse und die Art ihrer Realisierung hinausgehen können. Sie erarbeitet Grundlagen für die praktische Nutzung neuer Erkenntnisse und wirkt verbunden und aufeinander abgestimmt mit anderen Gesellschaftsbereichen. Die Erfordernisse der gesellschaftlichen und der Wissenschaftsentwicklung führen zur Formulierung von Forschungsproblemen, die weitgehend die zu schließenden Wissenslücken, die Erkenntnisobjekte und die Aufforderungen zur Gewinnung des fehlenden Wissens enthalten. Ein Forschungsproblem definiert damit einen bestimmten Suchraum[1], in dem im Sinne der Problemstellung zulässige Punkte bzw. Übergänge (Strecken) zwischen einzelnen Punkten aufzufinden sind. Man kann zwei Typen der Grundlagenforschung unterscheiden:

1. Im Suchraum existieren schon bestimmte Punkte und Strecken; es fehlen aber erforderliche Übergänge, Verbindungen zu einem relativ geschlossenen Zyklus. Dieser Typ wird als gezielte Grundlagenforschung bezeichnet, da eine erste grobe Orientierung möglich ist an vermittelten Erfordernissen nach neuem Wissen.
2. Im Suchraum existieren nur fragmentarische oder hypothetische Punkte bzw. der Suchraum als solcher kann nicht ausreichend angegeben werden und ist erst aufzubauen. Dieser Typ stellt die Erkundungsforschung dar, bei der im gesellschaftlichen Rahmen stärker innerwissenschaftliche, disziplinäre Momente zur Ausweitung, Vervollständigung, Realisierung und dialektischen Aufhebung eines Wissenssystems hervortreten. (Die Einschränkung bzw. Erweiterung des Suchraumes modifiziert entsprechend diese Fragestellung.)

Die Unkenntnis zu Beginn der Formulierung und Lösung eines Forschungsproblems über die Struktur und die Art der Schließung der vorgefundenen Wissenslücke bedingt spezifische relative Unbestimmtheiten („relativ" in bezug zum vorliegenden Wissen) im Forschungsprozeß. Die relativen Unbestimmtheiten sind erst im Zuge der Problemlösung schrittweise (und teilweise) reduzierbar. Trotz dieser Spezifik ist ein erfolgreiches Handeln in der Forschung möglich, es verlangt aber dazu eine möglichst weitgehende Voraussicht des Problems und seiner potentiellen Lösung, eine laufende Kontrolle des Fortschritts bei der Problemlösung und die entsprechende iterative Präzisierung bzw. Anpassung des weiteren Lösungsweges an die bisher gewonnenen Erkenntnisse.[2]

Die Planung der Problemlösung in der Grundlagenforschung ist eine entscheidende Aufgabe der Wissenschaftsleitung. Zur Erreichung der notwendigen Planangaben müssen die Leiter und die Mitarbeiter der Forschungskollektive, der gesellschaftlichen Bereiche und speziell der Planungsabteilungen eine Reihe von konkreten Handlungen vollziehen. Die Planungssituation ist zu analysieren, es sind gezielt Informationen zu sammeln und aufzubereiten, Bewertungs- und Entscheidungsprozesse müssen gestaltet und ausgeführt werden, Abstimmungen sind durchzuführen usw. Die Art und Weise der Ausführung der einzelnen Planungsoperationen ist durch den gesellschaftlichen Zusammenhang und die Spezifik der Forschung determiniert. Es liegen dazu aus den genannten Bereichen verschiedene Erfah-

[1] Vgl. G. Hellmig: Ein suchtheoretisches Modell zur Optimierung des Forschungsprozesses, Meisenheim a. Glan 1974.

[2] Ausführlicher dazu vgl. H. Parthey: Wege zur Formulierung von Forschungsproblemen, in: Wissenschaftliche Zeitschrift der Humboldt-Universität zu Berlin, Mathematisch-Naturwissenschaftliche Reihe 1/1973, S. 127–131.

rungswerte, relativ sichere Aussagen und Wissen über ein umfangreiches Tatsachenmaterial vor. Diese Erkenntnisse sind eine Form der Widerspiegelung der Zusammenhänge im Planungsprozeß. Ausgehend von der empirischen Erkenntnis bemüht man sich, durch Systematisierung und wissenschaftliche Abstraktion zur Stufe der Gesetzeserkenntnis vorzudringen. Gesetze erfassen die allgemeinen, notwendigen und wesentlichen Zusammenhänge des Prozesses. Dadurch wird die Erkenntnis tiefer und vollständiger, gleichzeitig aber abstrakter und inhaltlich an Einzelheiten ärmer. Die vorgelagerte Stufe empirischer Erkenntnis wird damit nicht abqualifiziert, sondern sie bildet die Grundlage und ein notwendiges Durchgangsstadium bei der Ausnutzung der Gesetzeserkenntnis. Die empirische Erkenntnis kann bis zu einem gewissen Grade als implizite Ausnutzung von Gesetzeserkenntnissen verstanden werden, ohne daß sich bereits explizit eine Gesetzesformulierung angeben läßt.[3]

Zur Qualifizierung der Planung in der Grundlagenforschung gehört es, sowohl empirische Aussagen zu dieser Planung zu systematisieren als auch Gesetzeswissen über die Zusammenhänge der Planung auszunutzen.[4]

In diesem Kapitel sollen nun nicht der Inhalt der Planung und ihrer einzelnen Angaben, sondern die Methoden zur Ermittlung der Planangaben, die Planungsoperationen, im Vordergrund stehen. Wie, in welcher Art und Weise, kann man von vorliegenden Informationen und Informationsquellen über einen Bereich der Grundlagenforschung und seine gesellschaftlichen Wechselwirkungen zu Planaussagen über zu lösende Forschungsprobleme übergehen? Die inhaltsbestimmte Spezifik der Planungssituation in der Grundlagenforschung hat dabei einen deutlichen Einfluß auf die Methode der Planung. Die obige Frage kann also nur beantwortet werden, wenn das planungsmethodische Vorgehen z. B. den Unbestimmtheitscharakter der Grundlagenforschung beachtet. Die Planungsmethoden müssen dementsprechend ermittelt, ausgewählt und auf den erforderlichen Planungsschritt sowie das betreffende Planungsobjekt eingerichtet werden. Planungsmethoden werden nicht willkürlich ermittelt und eingesetzt; hier können wir zwei Erkenntnisstufen unterscheiden: die empirische Ermittlung und die theoretische Begründung.[5] Die empirische Ermittlung von Planungsmethoden umfaßt

[3] Vgl. Autorenkollektiv: Ökonomische Gesetze des Sozialismus in der Diskussion, Berlin 1974, S. 21f.

[4] Es muß hier betont werden, daß die Planungspraxis die Grundlage für derartige empirische Aussagen darstellt, aber keineswegs auf Empirie allein reduziert werden kann. In der Planungspraxis ist man gleichermaßen bemüht, Gesetzeserkenntnisse im praktischen Handeln umzusetzen. Allerdings hat diese Umsetzung noch nicht die Systematik und Qualität erreicht, die nach der Methodentheorie anzustreben sind.

[5] Vgl. W. Heitsch: Methodenentwicklung und Gesetzeserkenntnis, in: Wissen-

1. die ad-hoc-Konstruktion vor der Planung,
2. die Simulation während der Planung und
3. das Abheben nach der Planung.

Die theoretische Begründung einer Planungsmethode wird aus Gesetzesaussagen einer Theorie abgeleitet. Dabei können nur die Gesetzesaussagen eine methodische Regel begründen, die sich auf den gleichen Zusammenhang zwischen Etappen im Planungsprozeß beziehen, der von der methodischen Regel vermittelt wird.

Neben den methodischen Regeln sind zielorientierende Prinzipien erforderlich. „Auf die spezielle Zielsetzung bezogen (hier ein konkreter Schritt im Planungsprozeß der Grundlagenforschung – *A. P.*), erfolgt nämlich eine Auswahl und Anordnung des vorhandenen Wissens unter dem Gesichtspunkt seiner Brauchbarkeit für die Realisierung des gesetzten speziellen Zieles. Die zielorientierenden Prinzipien fordern lediglich zur Beachtung dieses Wissens, insbesondere der darin vorhandenen Gesetzesaussagen auf und legen daher im Unterschied zu den methodischen Regeln keine Abbildungen fest."[6] Die Vereinigung von methodischen Regeln und zielorientierenden Prinzipien ergibt eine Methodik. Gelingt es darüber hinaus, Vorschriften zu bilden, die das Vorgehen zur Erreichung des gesetzten speziellen Ziels schrittweise eindeutig festlegen, wird die Methodik in ein Programm überführt.[7]

Dieses methodentheoretische Konzept soll für die folgenden Darlegungen die Grundlage bilden. Eine Planungsmethodik setzt sich so aus einer Menge planungsmethodischer Regeln und einer Menge von Prinzipien, die auf die Schritte im Planungsprozeß orientieren, zusammen. Dabei haben Gesetzesaussagen bzw. Gesetzmäßigkeiten in der Planungsmethodik eine doppelte Funktion:

1. Gesetzesaussagen dienen der theoretischen Begründung von Planungsmethoden (bzw. planmethodischen Regeln);

2. Gesetzesaussagen wirken auf das planmethodische Vorgehen als orientierende Planungsprinzipien.

Eine den Problemen der Grundlagenforschung entsprechende Planungsmethodik vereint eine spezifische Teilmenge von Planungsmethoden mit einer spezifischen Teilmenge von Planungsprinzipien. Deren Spezifik leitet sich aus den Merkmalen der Ziel-Bedingungs-Relation der Planung eines Problems der Grundlagenforschung ab.

Allgemein vermittelt eine Ziel-Bedingungs-Relation einer menschlichen Tätigkeit zwischen Aufforderungen, die gedanklich ein Ziel setzen, und

schaftliche Zeitschrift der Humboldt-Universität zu Berlin, Mathematisch-Naturwissenschaftliche Reihe 1/1973, S. 123.

[6] Ebenda, S..123.

[7] Vgl. ebenda, S. 124.

Aussagen, die Bedingungen der Realisierung des Ziels gedanklich darstellen.[8] Die Ziel-Bedingungs-Relation charakterisiert den Strukturaspekt menschlicher Tätigkeit.[9] Die Bedingungen der Zielrealisierung umfassen die Kenntnisse über den Gegenstand der Tätigkeit, die Anwendung von Mitteln (Operationen) und das Beschreiten eines Weges (Anordnung der Operationen). In unserem Falle des methodischen Vorgehens bei der Planung der Grundlagenforschung wird das Ziel verkörpert durch die Gesamtheit der Aufforderungen zur Erarbeitung eines relativ geschlossenen Plandokuments. Die Bedingungen zur Erarbeitung des Plans enthalten Aussagen über das zu lösende Forschungsproblem und seine Einordnung in den gesellschaftlichen Reproduktionsprozeß, über das disponible Forschungspotential und die institutionellen Organisationsformen der Forschung, über die verfügbare Forschungsmethodik und die Planungsmethodik, ihre möglichen Weiterentwicklungen sowie nicht zuletzt Aussagen über die dafür maßgebende weitere Entwicklung der sozialistischen Gesellschaft und die zu verfolgenden Forschungsrichtungen (über die Forschungsstrategie).

Bei der Konkretisierung des Plans bis zu den Problemlösungsschritten in einem Forschungskollektiv verändert sich die Ziel-Bedingungs-Relation in der Hierarchie vertikal, d. h. für ein solches Primärkollektiv besteht ein spezifisches Teilziel (Teilplan), das entsprechend nur einen konkretisierten Teil des gesamten Bedingungskomplexes beansprucht. Zum anderen ergibt sich auch eine horizontale Gliederung der Ziel-Bedingungs-Relation der Planung auf den entsprechenden Ebenen des Gesamtplans und der Teilpläne. Ein Plandokument enthält beispielsweise verschiedene Planteile (wie den Plan der Forschungsleistungen, den Plan für Arbeitskräfte und Lohn, den Plan der Grundfonds/Investitionen, den Plan Material- und Ausrüstungsbedarf). Bei der Erarbeitung der Planteile sind von den Planteilen der vorangegangenen Planperiode und dem Stand der Planerfüllung zu den zu erarbeitenden Planteilen der zukünftigen Planperiode bestimmte sich bedingende Arbeitsschritte zu durchlaufen. So entsteht ein Planteil als Resultat einer Folge von Operationen. Zum Abschluß eines jeden Operationsschrittes wird ein Teilziel (notwendige Zwischenstufe für einen zu erarbeitenden Planteil) erreicht unter den gegebenen Bedingungen im Planungsprozeß. Im folgenden Operationsschritt bildet das vorhergehende erfüllte Teilziel (Zwischenstufe) den Ausgangspunkt für diesen Schritt bzw. geht in den Bedingungskomplex für den weiteren Planungsprozeß ein. Das erfüllte letzte Teilziel soll mit dem angestrebten relativ abgeschlossenen Planteil (Plan-

[8] Vgl. W. Heitsch: Zur aussagenlogischen Struktur der Ziel-Bedingungs-Relation, in: Problemtypen bei der Hypothesen- und Prognosebildung, Rostocker Philosophische Manuskripte 7/1970, S. 63.

[9] Vgl. W. Wächter: Tätigkeit und Problem, in: Problemtypen bei der Hypothesen- und Prognosebildung, Rostocker Philosophische Manuskripte 7/1970, S. 42.

dokument) zusammenfallen. So wird durch die Ziel-Bedingungs-Relation in gewisser Weise eine erforderliche Schrittfolge der Planungsoperationen festgelegt. Sie liefert das Gerüst für die Zuordnung von Planungsmethoden und Planungsprinzipien.

Ein konkretes Beispiel für eine derartige Schrittfolge stellen die praktisch verwendeten Planungsordnungen dar. Für den methodischen Ablauf der Planung haben die Schrittfolgen ausschlaggebende Bedeutung. Die Qualität einer Planungsmethodik hängt u. a. ab vom Grad der Erkenntnis der Ziel-Bedingungs-Relation. Dies orientiert den Planungsablauf grundlegend. Besonders bei der späteren Diskussion der Planungsordnung der Akademie der Wissenschaften der DDR (AdW) und bei der Darstellung des Ablaufes in einem Planungsprogramm sollen Beiträge zur Aufklärung der Ziel-Bedingungs-Relation in der Planung der Grundlagenforschung gegeben werden.[10] Trotzdem ist festzustellen, daß die Kenntnisse über diesen Bereich zur Zeit, vergleicht man sie mit den allgemeinen Anforderungen, noch sehr lückenhaft sind.

Da ein grundlegendes Forschungsproblem zu Beginn der Planung im günstigsten Fall als erste Struktur eines Suchraums bekannt sein kann, wird auch seine Wirkung als orientierendes Planungsprinzip noch nicht weit entwickelt sein. Planausarbeitung und -präzisierung stehen mit der Erkenntnis und der Formulierung des Forschungsproblems in engem Zusammenhang. Das wird methodisch durch die zunehmende Funktion des Forschungsproblems als orientierendes Planungsprinzip vermittelt. Die Ziel-Bedingungs-Relation im Planungsprozeß der Grundlagenforschung wird jedoch in erster Linie durch den Charakter der Forschung als spezifische gesellschaftliche Tätigkeit geprägt. Damit üben nicht nur das gesellschaftlich abgeleitete Forschungsproblem, sondern die Gesamtheit der gesellschaftlichen Bedingungen, darin eingeschlossen auch die gesellschaftliche institutionelle Organisation und Leitung, die disziplinäre Entwicklung u. ä. Faktoren, eine orientierende Wirkung aus. Wir wollen uns hier auf die überwiegende Wirkung des Forschungsproblems in der Planungsmethodik konzentrieren. Zur Zeit läßt sich folgende Ausgangssituation beobachten:

1. Es liegt keine allen planungstheoretischen und -praktischen Anforderungen gerecht werdende Planungsmethodik der Grundlagenforschung im oben definierten Sinne vor.

2. Es existieren praktizierte Planungsmethoden und orientierende Planungsprinzipien, die aber noch zu wenig aufeinander bezogen sind.

3. Die praktizierten Planungsmethoden wurden erarbeitet

a) durch empirische Ermittlung im Planungsprozeß der Grundlagenforschung (dabei dominiert das Abheben nach der Planung, ad-hoc-Konstruktionen

[10] Vgl. Abschnitte 6. 2. 2. 1. und 6. 2. 2. 2.

wurden selten vorgenommen, über Simulation in der Planung liegen keine Informationen vor);
b) durch theoretische Begründung in Form der Ableitung aus logisch-mathematischen Gesetzmäßigkeiten (der Operationsforschung, Kybernetik, Statistik u. ä.);
c) durch die Übernahme von erarbeiteten Planungsmethoden anderer Gesellschaftsbereiche (dabei stehen empirisch die Volkswirtschaftspraxis und theoretisch politökonomische und betriebswirtschaftliche Gesetzmäßigkeiten im Vordergrund).

Es gibt jedoch keine umfassende theoretische Begründung der Planungsmethoden durch die Ableitung aus Gesetzmäßigkeiten der Entwicklung, Funktion und Struktur der Wissenschaft (und damit eingeschlossen der Forschung).

4. Die gebräuchlichen orientierenden Planungsprinzipien umfassen sowohl Aussagen aus den Grundbestandteilen des Marxismus-Leninismus wie auch Aussagen entsprechend dem gegenwärtigen Stand der marxistisch-leninistischen Wissenschaftstheorie, Aussagen zur Planung der Grundlagenforschung, die nicht die Qualität von Gesetzesaussagen haben und zur Wirkung als orientierendes Prinzip noch zu präzisieren sind, wie auch Aussagen zur Planung der Volks- und Betriebswirtschaft. In den Planungsprinzipien erscheint die Spezifik der Grundlagenforschung stärker berücksichtigt als bei den Planungsmethoden.

5. Die Erkenntnis und damit auch die praktische Nutzung von Gesetzen über die Wissenschaft befinden sich noch im Anfangsstadium. Das hat Konsequenzen für die theoretische Begründung der Planungsmethoden (vgl. 3a) und die Qualität der orientierenden Planungsprinzipien.

Um die Planungsmethodik der Grundlagenforschung weiter zu vervollkommnen, sind einige Probleme zu lösen. Ausgehend von den Ziel-Bedingungs-Relationen des Planungsprozesses der Grundlagenforschung müssen die spezifischen Mengen der Planungsmethoden und der orientierenden Planungsprinzipien erweitert und strukturiert werden. Beide sind zu einer Methodik unter der Ausnutzung bereits vorliegender Verbindungen zu vereinigen. Im Anschluß daran könnte ein Programm der Planung entwickelt werden, um das planungsmethodische Vorgehen in der Grundlagenforschung schrittweise eindeutig festzulegen.

Berücksichtigt man die oben dargelegte Ausgangssituation, dann kann in dieser Arbeit nicht eine relativ geschlossene Planungsmethodik erwartet werden. Wir wollen vielmehr einen Überblick über die Planungsmethoden und -prinzipien sowie ihre Erarbeitung geben,[11] deren Vereinigung zu einer Planungsmethodik unter Einbeziehung der Planungsordnung der Akade-

[11] Damit wird gleichzeitig ein Weg bzw. eine Orientierung zu einer problemabhängigen Selbstentwicklung von Planungsmethoden angedeutet.

mie der Wissenschaften der DDR skizzieren und Ansätze einer möglichen Variante für ein zukünftiges Planungsprogramm der Grundlagenforschung vorschlagen.

6.2. Zur Vervollständigung der Planungsmethoden zu einer problemorientierten Planungsmethodik der Grundlagenforschung

6.2.1. *Zu Stand und Erarbeitung von Planungsmethoden und Planungsprinzipien*

Bisher wurde herausgearbeitet, daß die Menge der Planungsmethoden der Grundlagenforschung sowohl im Planungsprozeß selbst empirisch bzw. theoretisch abgeleitete als auch aus anderen Gesellschaftsbereichen übernommene und angepaßte Methoden vereint. Da bei der theoretischen Ableitung von Planungsmethoden nicht nur Gesetzmäßigkeiten und Aussagen unmittelbar des jeweiligen Planungsprozesses, sondern auch anderer allgemeiner Operationszusammenhänge der Informationsverarbeitung als Ausgangspunkt dienen können, differenziert sich das Spektrum der Klassifikation der Planungsmethoden nach ihrem Ursprung noch weiter.

Eine sich davon unterscheidende Gruppierung der Planungsmethoden ergibt sich durch ihre mögliche Zuordnung zu Teiltätigkeiten innerhalb des gesamten Planungsprozesses (wie: Erkennen, Beobachten, Bestimmen, Untersuchen, Analysieren, Synthetisieren, Vergleichen, Auswählen, Ordnen, Bewerten, Beurteilen, Ableiten, Abstimmen, Berechnen, Schlußfolgern und nicht zuletzt Entscheiden).[12] Allgemein sind diese Teiltätigkeiten bei jeder Planung erforderlich. Im konkreten Fall, wie hier der Grundlagenforschung, muß eine spezifische Orientierung und Ausprägung durch die entsprechenden Planungsprinzipien erfolgen.

Die Zuordnung der Methoden in den erwähnten Klassifikationen ist nicht umkehrbar eindeutig. Der Methodeneinsatz in der Planung verlangt selbst eine Entscheidung darüber, welche Methode zur Ausführung der Operation eines bestimmten Teilschritts oder einer Teiltätigkeit im Planungsprozeß geeignet ist. Erfüllt eine durch eine Methode geforderte Operation den konkreten Teilschritt nur unvollständig, folgt daraus eine Aufforderung zur Methodenerweiterung. Existieren dagegen wenigstens zwei oder mehr Methoden, deren Operationen den Teilschritt erfüllen, wird man meist nur eine Methode auswählen. Die Auswahl kann nach mehreren Einzelkriterien, wie z. B. zeitlicher und materieller Aufwand bei der Methodenanwendung, erreichbare Qualität der Ergebnisse durch die Methodenanwendung oder nach einem Komplexkriterium vorgenommen werden.

[12] Vgl. auch Abschnitt 2. 4.

Der zuletzt genannte Aspekt ist bei der Methodenanwendung von besonderer Bedeutung, denn mit der eingesetzten Methode wird in bestimmtem Grade die Art des Teilschritts und der Ausführung von Teiltätigkeiten der Planung geprägt. „Methoden können mit ‚Filtern‘ verglichen werden, die ... die Aufgabe haben, Merkmale des objektiven Sachverhalts in subjektive Information zu verwandeln. Sie lassen keineswegs *alle* Eigenschaften passieren. Manche Merkmale werden von der Methode abgebildet, andere nicht. Unter den abgebildeten Eigenschaften werden einige adäquat, andere inadäquat erfaßt (überzeichnet oder abgeschwächt). Schließlich kann eine Methode sogar Eigenschaften *vortäuschen*, die objektiv nicht vorhanden sind.“ [13]

Der Methodeneinsatz bei einem Teilschritt bzw. einer Teiltätigkeit des Planungsprozesses sollte besonders folgenden Kriterien genügen: Angemessenheit/Adäquatheit der Methode, Rationalität und Effektivität der Methode unter gegebenen Bedingungen, Objektivität der Methode. Der Modus einer Kriterienprüfung zum Methodeneinsatz ist im Rahmen einer Planungsmethodik festzulegen und umfaßt zusätzlich eine Bewertung der Kriterien.

Die systematische Erarbeitung einer Planungsmethodik für die Grundlagenforschung muß – nach der grundsätzlichen Klärung der Planungsinhalte – beginnen mit einer Sammlung, Sichtung und Aufarbeitung des gesamten verfügbaren Wissens über Methoden und Prinzipien des gedanklichen Operierens, die für die Planung der Grundlagenforschung relevant sind bzw. es werden können. Diese Sammlung von vorliegenden Methoden und Prinzipien stellt natürlich nur eine Zwischenetappe in der Entwicklung der Planungsmethodik dar. Sie muß unbedingt fortgesetzt werden durch eine kritische Prüfung und Anpassung der Methoden und Prinzipien entsprechend der Ziel-Bedingungs-Relation eines konkreten Planungsprozesses. Eine solche Sammlung hat auch ihren spezifischen Charakter. Sie erfordert vor allem ständige Vervollkommnung. Um subjektive Bevorzugung oder Ablehnung einzelner Methoden und Prinzipien zurückzudrängen, ist sie immer wieder an der praktischen Wirkung im Planungsprozeß zu orientieren. Das erfordert auch, daß man die Voraussetzungen und Bedingungen der Anwendung untersucht. Dazu gehört nicht nur die Berücksichtigung des materiellen Aufwandes (z. B. Lohnkosten für Spezialisten, Installation/Betriebskosten einer EDVA, einer Datenverarbeitungs- und Bürotechnik). Besonders ist eine inhaltliche theoretische Durchdringung des Planungsprozesses notwendig, um die Einsatzbereiche für Methoden und Prinzipien deutlich werden zu lassen. Eine enge Zusammenarbeit von Planungspraxis und -theorie kann dazu beitragen, daß Tendenzen einer unkritischen rezeptartigen Anwendung vermieden werden. Bei der Sammlung von Methoden und Prinzipien für die Planung der Grundlagenforschung wird man auch immer wieder mit solchen Fragen konfrontiert wie: Warum wird die Methode

[13] G. Clauß und H. Ebner: Grundlagen der Statistik, Berlin 1974, S. 32.

M_1 und nicht auch die Methode M_2 aufgenommen? Warum wird das Prinzip P_1 nicht durch das Prinzip P_2 ersetzt? Welche Belege gibt es für die Wirksamkeit von M_1 oder P_2? Mit ihrer Beantwortung werden sowohl die Sammlung der Methoden und Prinzipien als auch die gesamte Planungsmethodik weiterentwickelt. Es ist auch möglich, daß eine Methode (mit entsprechenden Anpassungen) mehrmals im Ablauf der Planung eingesetzt wird. Die Methoden oder Prinzipien sind ferner unterschiedlich differenziert. Sie sind auch nicht immer unabhängig voneinander anzuwenden und überdecken sich teilweise.[14]

Analoge Bemerkungen muß man zu den orientierenden Planungsprinzipien machen. Einzelne Prinzipien wirken z. B. nur mittelbar gegenüber anderen Prinzipien, die direkte methodische Funktionen veranlassen. Eine Ordnung der Prinzipien erlaubt auch nicht immer direkte Beziehungen etwa zu den Planungsmethoden.

Gesetze wirken durch bewußte Nutzung vor allem dann auf das praktische planmethodische Vorgehen und seine Gestaltung ein, wenn sie zu orientierenden Prinzipien oder direkt in Methoden umgewandelt bzw. weitergeführt werden können.

Schlüsse für die Schwerpunktbildung der disziplinären Entwicklung der Wissenschaft kann man z. B. aus den Gesetzen der ungleichmäßigen und vorauseilenden Entwicklung der Wissenschaft mit der Bestimmung der Einzel- bzw. Gruppenleader ziehen. Die Erkenntnisse über den Zusammenhang von Vorhaben-, Institutions- und Disziplinentwicklung und auch die

[14] Die Einzelmethoden können hier nicht detailliert beschrieben werden. Zur Information sei auf die einschlägige Literatur verwiesen. Vgl. z. B. Philosophisches Wörterbuch, hrsg. von G. Klaus und M. Buhr, Leipzig 1974; Der sozialwissenschaftliche Forschungsprozeß, hrsg. von W. Friedrich und W. Hennig, Berlin 1975; F. Klix: Information und Verhalten, Berlin 1971; F. Klix (Hrsg.): Organismische Informationsverarbeitung, Berlin 1974; G. M. Dobrov: Prognostik in Wissenschaft und Technik, Berlin 1971; S. M. Jampol'skij und V. A. Lisičkin: Prognozirovanie naučno-techničeskogo progressa, Moskau 1974; E. Jantsch: Technological forecasting in perspective, Paris 1967; H.-D. Haustein: Prognoseverfahren in der sozialistischen Wirtschaft, Berlin 1970; N. P. Fedorenko (Hrsg.): Kompleksnoe narodnochozjajstvennoe planirovanie, Moskau 1974; Autorenkollektiv: Metodičeskie rekomendacii po razrabotke kompleksnych narodnochozjajstvennych programm, Moskau 1974; Autorenkollektiv: Mathematika i kibernetika v Ėkonomike, Slovar'-Spravočnik, Moskau 1975; G. Klaus (Hrsg.): Wörterbuch der Kybernetik, Berlin 1967; W. Dück und M. Bliefernich (Hrsg.): Operationsforschung, Mathematische Grundlagen, Methoden und Modelle 1–3, Berlin 1971, 1972; R. L. Ackoff und M. W. Sasieni: Operations Research, Stuttgart 1970; E. Weber: Grundriß der biologischen Statistik, Jena 1972; E. S. Maiminas: Planungsprozesse – Informationsaspekt, Berlin 1972; K. Sack und H. Schneider: Datenverarbeitungsprojektierung für ESER, Berlin 1974; G. Saeltzer: Simulationsmodelle in der EDV-Projektierung, Berlin 1974.

Einsichten über das Verhältnis von Grundlagen- und angewandter Forschung lassen gewisse Folgerungen für eine praktische Umsetzung zu. Ähnliche Beispiele ließen sich hinzufügen. Insgesamt jedoch reichen gegenwärtig die formulierten Gesetze und Beziehungen meist für eine operative Anwendung noch nicht aus. In der weiteren Entwicklung kann m. E. die Wissenschaftstheorie schon durch die bessere Aufklärung und Berücksichtigung der Spezifik der Grundlagenforschung wesentliche Beiträge zur Vervollkommnung ihrer Planung leisten.

Es darf nicht unerwähnt bleiben, daß die orientierenden Planungsprinzipien und die Planungsmethoden vom sozialökonomischen Charakter der Gesellschaft abhängen. Die konträre Zielstellung der Entwicklung der kapitalistischen Gesellschaft, der entgegengesetzte Charakter der bürgerlichen Weltanschauung bedingen wesentliche Unterschiede gegenüber dem Sozialismus. In der kapitalistischen Gesellschaft bilden sich primär am Profit orientierte Ziele und Bewertungskriterien heraus trotz aller Bestrebungen z. B. quasiöffentlicher Aushandlung von Forschungszielen.[15] Diese Einflüsse werden auch auf der Ebene der Planungsmethoden reflektiert. Das schließt aber nicht die Möglichkeit aus, Planungstechniken des Managements nach kritischer Prüfung und Modifikation auch in unserer Gesellschaft zu nutzen.

6.2.2. Die Vereinigung von Planungsmethoden und -prinzipien zu einer Planungsmethodik der Grundlagenforschung

6.2.2.1. Zu einigen Aspekten der Planungsordnung der Akademie der Wissenschaften der DDR und ihrer praktischen Umsetzung

E. Honecker betonte auf der 13. Tagung des ZK der SED, daß Wissenschaft und Technik unter den gegenwärtigen Bedingungen in unserer Republik die entscheidenden Faktoren der Intensivierung unserer Volkswirtschaft zur Erfüllung der Hauptaufgabe, der Steigerung der Arbeitsproduktivität und der Verbesserung der Materialökonomie sind. Das wissenschaftlich-technische Potential muß auf die entscheidenden volkswirtschaftlichen Aufgaben konzentriert, die Pläne Wissenschaft und Technik müssen stärker zum Hauptbestandteil der Volkswirtschaftspläne werden, und die Tätigkeit im Bereich von Forschung und Entwicklung ist selbst zu intensivieren.[16]

[15] Vgl. G. Beckmann, G. Brosi und H. Folkers: Systemforschung als Planungsverfahren in der Forschung, Heidelberg 1974, S. 64.

[16] Vgl. E. Honecker: Bericht des Politbüros an die 13. Tagung des ZK der SED, Berlin 1974, S. 25ff. Diese Aspekte werden in der Direktive des IX. Parteitages der Sozialistischen Einheitspartei Deutschlands zur Entwicklung der Volkswirtschaft der DDR in den Jahren 1976–1980 nachdrücklich unterstrichen und weiter vertieft bei gleichzeitiger differenzierter Herausbildung der Aufgaben für die Grundlagenforschung.

Diese gesellschaftliche Aufgabenstellung bildet einen wichtigen Ausgangspunkt sowohl für die Ableitung inhaltlicher Aufgaben der Forschung als auch zur Gestaltung des Planungsprozesses. Richtlinien für die Forschung in der DDR in den verschiedenen Institutionen sind in folgenden Dokumenten enthalten:

1. Konzeption zur Entwicklung der Naturwissenschaft und Technik im Zeitraum bis 1990 für wichtige Bereiche der Volkswirtschaft einschließlich der Anforderungen an die Entwicklung des Forschungs- und Entwicklungspotentials,

2. Konzeption der langfristigen Entwicklung der naturwissenschaftlichen und mathematischen Grundlagenforschung sowie der Grundlagenforschung ausgewählter technischer Richtungen im Bereich der Akademie der Wissenschaften der DDR und des Ministeriums für Hoch- und Fachschulwesen bis 1990[17],

3. Zentraler Forschungsplan der marxistisch-leninistischen Gesellschaftswissenschaften der DDR 1976–1980.[18]

Für die Gestaltung der Planungsmethodik der Grundlagenforschung sind – nach der Bestimmung des Planungsinhalts – generelle Festlegungen zum Vorgehen in der Planung wesentlich. Ein konkreter Ausdruck für derartige Festlegungen ist die Planungsordnung der Volkswirtschaft der DDR 1976 bis 1980.[19] Sie gibt für die Zweige und Bereiche einen abgestimmten Rahmen für den Inhalt und die Form der Pläne verbindlich an. Steeger nennt eine Reihe von Problemen zur weiteren Vervollkommnung der Planungsordnung:

- Verbesserung der Methodologie zur Bestimmung und Umsetzung von sozialen, ökonomischen und wissenschaftlich-technischen Entwicklungszielen in verschiedenen Plänen,
- weitere Ausarbeitung der spezifischen Funktionen der lang-, mittel- und kurzfristigen Pläne im System der Planung zur besseren Beherrschung der Kontinuität, Dynamik und Komplexität des volkswirtschaftlichen Reproduktionsprozesses,
- Koordinierung und Bilanzierung der Ziele mit den Ressourcen,
- Erhöhung der Rolle des Planes Wissenschaft und Technik durch bessere Koordinierung mit den übrigen Planteilen,
- Vervollkommnung der Normativbasis für die Planung und des Systems der staatlichen Plankennziffern,

[17] Vgl. ebenda, S. 27ff.

[18] Vgl. Einheit 9/1975, S. 1042–1061.

[19] Vgl. Anordnung über die Ordnung der Planung der Volkswirtschaft der DDR 1976 bis 1980. Gesetzblatt der DDR, Berlin 1974, Sonderdruck Nr. 775a, 775b, Teil I: Festlegungen für die Planung; Teil II: Nomenklaturen, Vordrucke. Diese Ordnung der Planung schließt aber nicht die Planung der gesellschaftswissenschaftlichen Forschung ein.

- umfassende Anwendung von ökonomisch-mathematischen Methoden in der Planung mit dem Ziel, allmählich Voraussetzungen für die Anwendung automatisierter Systeme von Planberechnungen zu schaffen und
- Analyse der Entwicklungsrichtungen der Planung in der Sowjetunion und den anderen sozialistischen Ländern mit dem Ziel, die Schwerpunkte und Formen der Angleichung der Planungssysteme herauszuarbeiten.[20]

Im Rahmen dieser Probleme und unter Berücksichtigung spezifischer Gesichtspunkte ergibt sich auch eine Reihe von Aufgaben für die Verbesserung der Planungsmethodik für die Grundlagenforschung.[21] Analysiert man die Planungsordnung der DDR, besonders den Abschnitt 3: Planung von Wissenschaft und Technik[22] von dem bisher dargelegten Standpunkt aus, so läßt sich feststellen, daß es sich dabei nicht ausgesprochen um eine Planungsmethodik in dem hier definierten Sinne handelt. Im Abschnitt 3 der Planungsordnung der DDR werden folgende Aspekte genannt:

1. Grundsätze und Geltungsbereich,
2. auszuarbeitende Pläne Wissenschaft und Technik,
3. Vorbereitung der Planentwürfe,
4. staatliche Aufgaben und staatliche Planauflagen für Wissenschaft und Technik,
5. Inhalt der Pläne Wissenschaft und Technik und
6. Einreichung der Planentwürfe Wissenschaft und Technik.

Damit werden im wesentlichen der Inhalt der Pläne sowie einige Seiten der Planausarbeitung und ihrer Organisation in Verbindung mit vorher gesetzten Planungsprinzipien (Abschnitt 1 und 2 der „Ordnung“) bestimmt sowie Nomenklaturen und Vordrucke[23] vorgeschrieben. Die Planungsordnung orientiert besonders auf die Verflechtung von Wissenschaft und Technik in der gesamten Volkswirtschaft. Einzelne Planungsmethoden werden nicht weiter erläutert. Wenn auch die Spezifik der Grundlagenforschung nicht ausdrücklich genannt wird, so wird ihr doch mit der Festlegung eines Plans der Grundlagenforschung grundsätzlich Rechnung getragen. Dieser Aspekt wird aber naturgemäß dann in der Planungsordnung der Akademie der Wissenschaften der DDR stärker berücksichtigt und weiter ausgebaut.[24] Sie enthält detailliertere Hinweise zum Inhalt der Teilpläne der Grundlagenforschung sowie zu ihrer Ausarbeitung. Allerdings stellt auch die Planungs-

[20] Vgl. H. Steeger: Grundsätze und ausgewählte Probleme der Vervollkommnung der Planung der Volkswirtschaft der DDR 1976 bis 1980, in: Vervollkommnung der Planung der Volkswirtschaft, Sitzungsberichte der Akademie der Wissenschaften der DDR, Berlin 6/1974, S. 32f.

[21] Vgl. Abschnitt 2.7.

[22] Vgl. Anordnung über die Ordnung der Planung . . ., a. a. O., Teil I, S. 81–97.

[23] Vgl. ebenda, Teil II, S. 45–72.

[24] Vgl. Ordnung der Planung der Akademie der Wissenschaften der DDR, Planungsordnung, Teil I und II, Berlin 1975.

ordnung der AdW keine Planungsmethodik in dem vorn bezeichneten Sinne dar. Dazu sind die Aufforderungen zur Planausarbeitung zu global und summarisch. Die Erfassung bzw. Berücksichtigung der Besonderheiten der Grundlagenforschung[25] wird auch entweder mehr in das Vorfeld der Planung verlegt, z. B. in die konzeptionelle Vorbereitung der Planentwürfe mit Analysen und Prognosen, in die Konzeptionen zur Entwicklung der Grundlagenforschung und ihrer Bereiche, oder sie erscheint nur mittelbar in Formulierungen zur Orientierung auf Schwerpunkte der Forschung, zu gesellschaftlichen und wissenschaftlichen Zielstellungen bzw. neu herangereiften grundsätzlichen Problemen der Grundlagenforschung. Es werden auch Veränderungen der bestätigten Aufgabenstellungen und Plankennziffern infolge neuer Erkenntnisse, die im Prozeß der Realisierung der Aufgaben bzw. der prognostisch-analytischen Arbeit erwachsen, berücksichtigt.[26] Eine erfolgreiche Leitung eines gesellschaftlichen Prozesses erfordert aber, im Plan für den zukünftigen Ablauf möglichst weitgehend alle Aspekte, Faktoren und Bedingungen zu beachten.[27]

Der Plan hat – ganz allgemein gesprochen – einen ideell vorweggenommenen, bewußt zu vollziehenden, zielgerichteten gesellschaftlichen Entwicklungsprozeß zum Inhalt. „Die Ideen als komplizierte Abbilder dienen also, indem sie Bedürfnisse widerspiegeln, Ziele zum Ausdruck bringen und sich auf die Kenntnis der objektiven Welt stützen, den Menschen als Maßstab für die praktische Tätigkeit.“ „Die Bedingungen des Aufbaus des Sozialismus selbst erfordern, die Volkswirtschaft nach einem einheitlichen Plan zu leiten, der die notwendigen Proportionen der gesellschaftlichen Produktion vorgibt. Aber welche konkreten Proportionen und Maße das sein müssen, wie maximales Wachstum der Produktivkräfte zur Befriedigung der wachsenden Bedürfnisse der Mitglieder der sozialistischen Gesellschaft erreicht werden kann, dafür reicht die Kenntnis der allgemeinen Gesetze des Sozialismus nicht aus; dazu bedarf es außerdem der allseitigen Analyse aller konkreten Entwicklungsbedingungen der gesellschaftlichen Tätigkeit.“[28]

Wesentlich für die qualitative Beurteilung eines Plans ist, wie eng der

[25] Beispielsweise die Neuheit sowie Fundamentalität zu gewinnender Erkenntnisse und die relativen Unbestimmtheiten im Forschungsprozeß (bei Zielen, Methoden, Abläufen, Resultaten, ihrer Nutzung und beim Potential).

[26] Vgl. Ordnung der Planung der Akademie der Wissenschaften der DDR, a. a. O., Teil I, S. 27.

[27] Nach unserer Auffassung üben auch Angaben zu Ziel, Wesen und Spezifik *der Planung* der Grundlagenforschung mit der Charakterisierung der entsprechenden Ziel-Bedingungs-Relation einen wesentlichen Einfluß auf die Gestaltung und den Ablauf des Planungsprozesses aus. Die Planungsordnung der AdW bietet auch hier noch Möglichkeiten einer Verbesserung.

[28] Autorenkollektiv: Geschichte der marxistischen Dialektik, Berlin 1974, S. 161f.

Zusammenhang zwischen einem real möglichen gesellschaftlichen Prozeß und seiner antizipierten Widerspiegelung ist. Segeth spricht von der Adäquatheit. „Ein Plan ist adäquat genau dann, wenn das von ihm geleitete System von Operationen von der Ausgangssituation, auf die der Plan bezogen ist, zum Planziel führt."[29] Die Adäquatheit eines Plans hängt wesentlich von der Wahrheit des Systems seiner Basisaussagen, u. a. der Zuverlässigkeit der Prognosen und der Gültigkeit der Prognoseschlüsse ab.[30] Für die Grundlagenforschung ist es nun charakteristisch, daß ihre Ziele nur relativ zu dem aktuellen Kenntnisstand über das Forschungsproblem und zu mehr oder weniger begründeten Annahmen über seine Lösung bestimmt werden können. So lassen sich beispielsweise in verschiedenem Grade mögliche Angaben zu den Zielkomponenten (wissenschaftlich-funktionell – *wf*, gesellschaftlich-funktionell – *gf* und Resultathypothesen – *Rh*) erreichen.[31] Unter diesen Bedingungen kann ein Plan in der Grundlagenforschung höchstens relativ adäquat sein.[32] Das erfordert u. a. eine verschieden abgestufte Konkretheit und Detailliertheit der Planangaben sowie Berücksichtigung beim Modus des Planungsprozesses.[33] „Die Planung von und in Forschungsvorhaben hat die Forschungstätigkeit nicht nur zum Gegenstand, sondern sie ist als Tätigkeit selbst eng mit der forschenden Arbeit verbunden und fußt notwendigerweise auf ihr."[34]

Aus der relativen Unbestimmtheit bei der Angabe von Zielen und Teilzielen der Grundlagenforschung ergibt sich eine relative Unbestimmtheit bei Einsatz, Modifizierung und Entwicklung von Forschungsmethoden zur Problemlösung. Der häufigste Fall besteht darin, daß in Abhängigkeit vom erreichten Lösungsfortschritt Entscheidungssituationen hinsichtlich der Anwendung und Entwicklung von Forschungsmethoden entstehen.[35] Dabei können *Methoden zur Problemlösung* in bestimmte *Wechselwirkung* mit *Methoden zur Planung* der Grundlagenforschung treten. Einmal nehmen Planungsmethoden zu Forschungsmethoden gewissermaßen eine Metastellung ein, indem die durch Planungsmethoden gewonnenen Aufforderungen zur Präzisierung und Lösung eines Forschungsproblems auch auf Einsatz und Entwicklung von Forschungsmethoden orientieren. Anderer-

[29] W. Segeth: Aufforderung als Denkform. Vom Wissen zum zielgerichteten Handeln, Berlin 1974, S. 155.

[30] Vgl. ebenda, S. 157.

[31] Vgl. P. Hanke: Planungsprobleme in der Grundlagenforschung, Berlin 1975, S. 46–49.

[32] Vgl. W. Segeth: Aufforderung als Denkform, a. a. O., S. 157f.

[33] Vgl. P. Hanke: Planungsprobleme in der Grundlagenforschung, a. a. O., S. 66f.

[34] Ebenda, S. 125.

[35] Vgl. J. Wolf: Entwurfsskizze zur Konstitution der Forschungsmethodik in Abhängigkeit vom zu lösenden Forschungsproblem, in: Problem und Methode in der Forschung, hrsg. von H. Parthey, Berlin 1977.

seits erfolgt eine Rückwirkung von den Forschungsmethoden auf die Planungsmethoden in drei verschiedenen Formen (analog zur empirischen Ermittlung von Methoden):

1. Bei der Planerarbeitung sind im wesentlichen erst nach einer hypothetischen Setzung von Forschungsmethoden zur möglichen Lösung eines Problems entsprechende Planungsmethoden einsetzbar, die u. a. der Entscheidung über die effektivsten Forschungsmethoden und den dazu erforderlichen Potentialbedarf dienen;

2. Während der Realisierung des Forschungsplans ergibt sich in einer Phase des Problemlösungsprozesses bzw. nach der Lösung eines Teilproblems häufig eine Entscheidungssituation mit drei möglichen Ausgängen: 1. Fortsetzung des Forschungsprozesses entsprechend dem geplanten Ablauf bzw. mit geringfügigen Veränderungen, die aber noch durch Umverteilungen im geplanten Potential realisiert werden können; 2. weitgehende Modifizierung des geplanten Forschungsprozesses mit einer neuen Proportionierung der Potentialelemente bzw. einem erweiterten Bedarf; 3. Abbruch des Forschungsprozesses aus gesellschaftlichen und wissenschaftlichen Aspekten. Bei den Fällen 1 und 2 werden gegebenenfalls Aktivitäten zu einer Planänderung (-präzisierung, -fortschreibung) ausgelöst; die angewandten bzw. neu anzuwendenden Forschungsmethoden erfordern – vermittelt über die erzielten Resultate – bestimmte Planungsmethoden entsprechend der neuen Situation; diese wiederum determinieren die neuen Forschungsmethoden bei der weiteren Problemlösung;

3. Nach der Planrealisierung bzw. nach dem Abschluß des Forschungsprozesses kann man bestimmen, welche Planungsmethoden (über ihre Aufforderungen zum Einsatz von Forschungsmethoden) den größten Effekt auf die Problemlösung unter den konkreten Bedingungen erbracht haben. Die Sammlung dieser Erfahrungen kann heuristische Hinweise über den Übergang zwischen Planungs- und Forschungsmethoden für zukünftige Prozesse vermitteln.

Die enge Verbindung zwischen Planungs- und Forschungsmethoden verweist auch noch auf einen anderen Aspekt. Planung der Grundlagenforschung übt u. a. durch die Orientierung auf einen Suchraum bzw. durch die Aufforderung zum Methodeneinsatz im Forschungsprozeß eine erkenntnisfördernde Funktion aus.

Für den Aufbau einer Planungsmethodik der Grundlagenforschung und ihre Verwirklichung ist auch eine Reihe planungspraktischer Fragen bedeutsam. *Einige* davon sollen nachstehend kurz skizziert werden.

Die erwähnte, der Grundlagenforschung eigene Variabilität und relative *Unbestimmtheit kann nun in Abhängigkeit vom jeweiligen Forschungsproblem, von den Erkenntnismöglichkeiten und dem Leistungsvermögen eines Forschungskollektivs* und seiner Leitung verschieden groß und verschieden geartet sein. Dies läßt sich aber nicht einfach als zeitweiliger subjektiver Mangel deklarieren, der durch konsequente Planung und Kontrolle zu beseitigen ist. Wenn man diese Spezifik der Grundlagenforschung anerkennt, muß sich das auch in der Planungsmethodik niederschlagen. So stellt eine durch den Erkenntnisgewinn bei der Problemlösung begründete Planänderung keinen Makel dar, sondern eine notwendige Maßnahme zur Angleichung der Pläne an den sich objektiv, real ändernden Erkenntnisprozeß, zum Erreichen der gesellschaftlichen Aktualität der Pläne. In der Wertung könnte sonst der Eindruck entstehen, daß das Instrument (der Plan) höher eingeschätzt wird als das mögliche Resultat (das Forschungsergebnis). Einfache, nicht modifizierte Soll-Ist-Vergleiche sind bei verschiedenen Tätigkeiten in der Wissenschaft möglich, sie treffen aber nicht immer das Wesen der Forschung. Die Planungsmethodik der Grundlagenforschung muß den Aspekt einer gleitenden und schreitenden *Anpassungsplanung* mit umfassen, die mit einer echten Rückkopplung zwischen dem Plan und der Plandurchführung verbunden ist.[36]

Dabei darf es keinesfalls darum gehen, eine mangelhafte Planerfüllung durch geschickte Plankorrekturen zu verdecken. Vielmehr soll das im Forschungsprozeß gewonnene höhere Wissen dazu dienen, um Forschungsergebnisse auf kürzerem Wege oder mit höherem Erkenntniszuwachs bzw. erweiterter praktischer Nutzbarkeit zu erreichen. Damit die Planung reaktionsfähiger und disponibler wird, könnten einige Möglichkeiten kritisch geprüft werden:

1. Die Planung wird – wenn der Erkenntnisfortschritt oder neue gesellschaftliche Anforderungen es als zweckmäßig erscheinen lassen – als ein iterativer Prozeß nach bestimmten Zeitintervallen oder nach relativ abgeschlossenen Forschungsphasen wiederholt (konzentriert auf bestimmte Vorhaben und hervortretende Planangaben und möglichst einfach und mit geringem Aufwand); dabei kann sich auch die Planungsmethodik ändern.

2. Die Planung sollte durch die Festlegung disponibler Reserven der Potentialelemente einen Raum für verschiedene Handlungsmöglichkeiten offenhalten. In unmittelbarem Zusammenhang damit könnte den Forschungskollektiven und ihren Leitungen, den Instituten etc. ein notwendiger Entscheidungsraum (Risiko) über die Handlungsmöglichkeiten eingeräumt werden.[37] Damit ist wiederum eine wesentliche Erhöhung der Verantwortung der Forscher für gesellschaftlich und wissenschaftlich wirksame Initiative und Aktivität sowie für eine hohe Forschungsintensität verbunden.

3. Die Planangaben sind in der Mehrzahl nur als Intervallgrößen (von – bis) mit geschätzter oder empirisch belegter Wahrscheinlichkeit formulierbar – soweit nicht überhaupt nur verbale Angaben möglich sind – mit weiterer Konkretisierung und Detaillierung im Verlaufe der Planrealisierung.

36 Vgl. A. Bauer, W. Eichhorn I, G. Kröber, H. Schulze, W. Segeth und K.-D. Wüstneck: Philosophie und Prognostik, Berlin 1968, S. 184f.

37 Vgl. M. L. Bašin: Ėffektivnost' fundamental'nych issledovanij, Moskau 1974, S. 67.

4. Es sind Überlegungen zu den Prioritäten der verschiedenen Forschungen anzustellen. Zur Zeit besteht etwa folgende Präferenzfolge: 1. Aufgaben des Staatsplans Wissenschaft und Technik, 2. berichtspflichtige Leistungen des Planes der Grundlagenforschung, 3. Initiativ- und Suchforschung. Im Rahmen der Initiativ- und Suchforschung werden für die Grundlagenforschung entscheidende neue Problemfelder und Entwicklungsmöglichkeiten erkundet. Dementsprechend wäre zu prüfen, wie ihr auch im Rahmen der Planung ein angemessenes Gewicht eingeräumt wird. Sie stellt aber auch keine Verabsolutierung der Selbstbestimmung von Forschungsrichtungen und -zielen dar. Auch sie muß in den gesellschaftlichen Reproduktionsprozeß der Forschung eingeordnet werden. Hier zeigt sich wieder die steigende gesellschaftliche Verantwortung der Forscher und der Forschungsplanung.

Bei einer hohen Unbestimmtheit in einem Suchraum besteht naturgemäß auch die Möglichkeit, daß die eingesetzten Forschungsmethoden nicht zum gesetzten Ziel führen. Trotzdem erbringen auch diese Forschungen einen Erkenntnisgewinn, u. a. indem unsere Kenntnisse über den Suchraum zugenommen haben und Untersuchungen mit analogen Bedingungen vermieden werden können.

Für die Planungsmethodik wichtige Fragen ergeben sich auch aus der *Staffelung des Planungszeitraumes*, der Aggregation der Planangaben unter verschiedenen Gesichtspunkten (z. B. für verschiedene Leitungsebenen) sowie aus der Spezifik der Forschungskooperation. Die erforderliche Dauer der meisten Vorhaben der Grundlagenforschung bekräftigt die Notwendigkeit, zu einem längerfristigen Plan überzugehen; dabei steht der Fünfjahrplan im Mittelpunkt.[38] Es besteht somit die Aufgabe, eine sinnvolle Integration von langfristigem, Fünfjahr- und Jahresplan zu erreichen, die langfristige, die Fünfjahr- und die Jahresplanung aufeinander abgestimmt und koordiniert durchzuführen. Auch muß es zu einer besseren Abstimmung von festgelegten Planzeiträumen (1 oder 5 Jahre) und Abschlußterminen für Forschungsarbeiten kommen, die ja nicht automatisch zusammenfallen. Damit hängt ein spezifisches Problem der Planung zusammen. Bereits am Beginn einer Fünfjahrplanung benötigen zentrale Leitungsorgane eine Reihe von Angaben, die in dem erforderlichen Umfang, z. T. auch hinsichtlich der Qualität aber erst im Laufe des Planungsprozesses erarbeitet werden können. Wenn es gelänge, hier bestimmte Regelmäßigkeiten oder Gesetze über den problemtypischen Zusammenhang verschiedener Potentialelemente aufzudecken, ließe sich daraus auf die erforderlichen aggregierten Angaben begründeter schließen. Man muß aber auch differenziert untersuchen, wieweit einzelne Kennziffern im Leitungsprozeß (für die zentrale Koordinierung und zur Förderung des Forschungsprozesses) erforderlich sind, welcher Auf-

[38] Vgl. Ordnung der Planung der Akademie der Wissenschaften der DDR, a. a. O., Teil I, S. 3.

wand zu ihrer Ermittlung gerechtfertigt erscheint und in welchem Maße *aggregierte bzw. synthetische Aussagen oder Kennziffern* Einzelangaben in der Forschung vertreten können. Hier findet man einige Parallelen zur Diskussion in der Volkswirtschaft.[39] Die einzelnen Forschungsprobleme (-themen, -vorhaben) müssen nicht allein wegen der zentralen Entscheidungen zum Einsatz gesellschaftlicher Potentiale zusammengefaßt werden, sondern gehören einer oder mehreren spezifischen Problem-, Aufgaben- und Themenhierarchien an. Der Plan muß sowohl die *Integration jedes einzelnenForschungsthemas in* die *relevante(n) komplexe(n) Problemstellung(en)* und damit die effektivste Verbindung der Einzelresultate zu einem komplexen Gesamtergebnis ausweisen *wie auch die institutionelle Zuordnung der Themen* erkennbar machen und koordinieren. Auf die verschiedenen Intensitätsstufen der Kooperation[40] und die Spezifik der Kollektivität im Forschungsprozeß[41] soll hier nur verwiesen, aber nicht näher eingegangen werden.

Die Vereinbarungen zur internationalen Forschungskooperation und besonders die Forschungsprogramme (FP) und die Hauptforschungsrichtungen (HFR) spielen eine wichtige Rolle in den komplexen Plänen der Grundlagenforschung. Sie reichen über die institutionelle Struktur hinweg. Sie stellen keine neue zusätzliche Leitungslinie dar, sondern mit dem Charakter von Koordinierungsplänen[42] sollen in den FP/HFR komplexe Forschungsgebiete und die Verantwortlichkeiten der AdW und des Ministeriums für Hoch- und Fachschulwesen (MHF) für die Grundlagenforschung mit einem höheren Effekt zusammengeführt werden. Dem dient auch die Einrichtung wissenschaftlicher Räte bei den FP/HFR.[43] Damit ist aber für die Planmethodik die Konsequenz verbunden, entsprechende Formen für die Abstimmung zwischen verschiedenen Plänen vorzusehen. Im Rahmen einer HFR kann so beispielsweise eine sehr starke Einengung des Entscheidungsraumes ein-

39 Vgl. Vervollkommnung der Planung der Volkswirtschaft, a. a. O., S. 28f. und S. 41f.

40 Vgl. Ordnung der Planung der Akademie der Wissenschaften der DDR, a. a. O., Teil II, S. 2–7.
Zu dem Problem der Koordinierung in hierarchischen Systemen liegen außerdem schon entwickelte theoretische Ansätze vor bei: M. Mesarovič, D. Macko und Y. Takahara: Teorija ierarchičeskich mnogourovnevych sistem, Moskau 1973.

41 Vgl. Autorenkollektiv: Persönlichkeit und Kollektiv in der Forschung, Berlin 1972, S. 53–100.

42 Vgl. Ordnung der Planung der Akademie der Wissenschaften der DDR, a. a. O., Teil I, S. 4.
Im Koordinierungsplan wird eine Abstimmung und Bilanzierung von Planaufgaben juristisch selbständiger Institutionen, die ihren eigenen Plan aufstellen, vorgenommen mit dem Ziel, durch den Plan die Zusammenführung von getrennt erreichten Lösungen von Teilproblemen zu einer komplexen Problemlösung zu sichern.

43 Vgl. Gesetzblatt der DDR, Teil I, 1975, Nr. 15, S. 293f.

treten, da die Verantwortlichen von HFR gegenüber den Kooperationspartnern selbst nicht weisungsberechtigt sind (sein können) und die Kooperationsinstitute oft ihre Ziele und ihr Potential bereits festgelegt haben. Das kann zu Zeitverzögerungen durch die erforderliche Einbeziehung der übergeordneten Leitungen in die Entscheidung führen. Wichtig für die Gestaltung der Kooperationsbeziehungen dürfte sein, daß die Planmethodik die sich im Zuge der Problemlösung ergebenden arbeitsteiligen Strukturen und Kooperationsnotwendigkeiten fördert.

Als weitere Fragestellung der praktischen Umsetzung der Planungsordnung soll hier das *Zusammenwirken verschiedener Leitungsebenen* diskutiert werden. Die Sicherung eines zielgerichteten Reproduktionsprozesses der Wissenschaft wie jedes einzelnen Forschungskomplexes erfordert eine einheitliche abgestimmte Leitung. Die Abstimmung muß sowohl horizontal zwischen den verschiedenen Gesamt- und Teilplänen einer Ebene (Einrichtungen, Institutionen) und den damit berührten gesellschaftlichen Bereichen als auch vertikal zwischen den Plänen verschiedener Ebenen vorgenommen werden. Zwischen den Forschungszielen und -problemen einerseits und dem dafür verfügbaren Potential besteht ein wechselseitiger Zusammenhang. Wenn auch diese *wechselseitige Determination zwischen Problemen und Potentialen* besteht und mit einer Potentialvorgabe eine meist nur schwer noch modifizierbare Grenze für mögliche Forschungsvorhaben gesetzt ist, sollte sich doch der Aspekt durchsetzen, daß die Probleme gegenüber den Potentialen dominieren. Komplizierend wirkt sich bei entsprechenden Entscheidungen aus, daß beide Aspekte oft nicht auf einer Ebene direkt miteinander konfrontiert werden können. Im allgemeinen ist auf der Ebene des Primärkollektivs die Einsicht in das vorliegende Forschungsproblem, seine mögliche Lösung und die einzusetzenden Forschungsmethoden am größten, auf den höheren Leitungsebenen der Wissenschaft und der Gesellschaft erfolgt notwendigerweise dagegen die zentrale Entscheidung über die Größe und Verteilung des Wissenschaftspotentials.[44] Bei Entscheidungen innerhalb einer Leitungshierarchie sind der Kompetenzbereich der einzelnen Leitungsebenen (nach dem zu leitenden konkreten Prozeß), aber besonders die Aggregationsproblematik der Planangaben zu beachten. In der Praxis der Forschungsplanung gelingt es relativ einfach, von den erforderlichen Primärpotentialen bis zu Potentialanforderungen auf zentralen Ebenen zu aggregieren (z. B. durch

[44] Vgl. W. Wächter: Methodentheoretische Aspekte der Forschungsplanung, in: Probleme der Forschungsplanung. Kolloquienreihe des Instituts für Wissenschaftstheorie und -organisation der AdW der DDR 11/1975, S. 90f. Wir müssen darüber hinaus beachten, daß das Primärpotential, auf dessen Basis das Primärkollektiv arbeitet, nicht nur unmittelbar problemabhängige Teile umfaßt, sondern die notwendige Gesamtheit zur Sicherung der Forschungstätigkeit in diesem Kollektiv, so z. B. auch die Gewährleistung der Arbeits- und Lebensbedingungen.

eine Summierung entsprechender Potentialelemente); aber die Situation eines Primärkollektivs mit seinem Forschungsproblem läßt sich nicht in gleicher Weise aggregieren. Dadurch kann der Zusammenhang zwischen Problem und Potential in den oberen Leitungsebenen nicht mehr so direkt deutlich sein wie auf der Ebene der Primärkollektive. Es entsteht ein Entscheidungsraum für das Potential, der eigentlich nur fiktiv ist, da ja auch auf der zentralen Ebene die Potentiale an bestimmte Problemfelder und einen bestimmten Problemumfang gebunden sind. Diese Verbindung kommt jedoch infolge der oft nicht bewältigten Aggregation der Probleme nur noch indirekt oder wenig zum Ausdruck.

Die Spezifik der Grundlagenforschung erschwert dieses Moment zusätzlich. Die Beziehung zwischen Problem und Potential ist auch im Primärkollektiv nicht so eng wie zwischen einer Aufgabe der materiellen Produktion und den entsprechenden Fertigungskapazitäten, Fonds und Ressourcen. Daraus folgt, daß man sich gerade in der Forschung mit ihrer Variabilität und relativen Unbestimmtheit besonders bemühen muß, Potentialentscheidungen immer in möglicher Verbindung zu Forschungsproblemen und den geeigneten Primärkollektiven zu treffen. Bisher wurden zur Überwindung dieser Schwierigkeiten zwei Wege eingeschlagen: erstens werden die einzelnen Probleme bzw. Problemkomplexe auf den höheren Ebenen kaum oder nicht aggregiert nebeneinander gestellt („Hochziehen" der Objektplanung); zweitens erfolgt eine Teilaggregation in FP und HFR. Dabei ist der zweite Weg über HFR und FP unseres Erachtens der aussichtsreichere. Die Verbindung von Problem und Potential verweist auch noch auf die in der Planung praktisch wie theoretisch nicht voll beherrschten Übergänge zwischen qualitativen und quantitativen Planangaben. Es ließen sich noch weitere Probleme erläutern, deren Lösung die Forschungsplanung und ihre Methodik vervollkommnen würde.[45] Hier kommt es aber nicht auf eine vollständige Darstellung an, sondern es sollen Art und Kompliziertheit der Fragen gezeigt und ferner deutlich werden, daß ihre nachhaltige Klärung eine möglichst weitgehende Erarbeitung und Nutzung des relevanten Gesetzeswissens notwendig macht.

6.2.2.2. Schritte zur Entwicklung einer Planungsmethodik und eines Planungsprogramms

Nach der weiter vorn gegebenen Kennzeichnung (S. 124) ergibt sich die problemorientierte Planungsmethodik durch Auswahl und Vereinigung der spezifischen Teilmengen der Planungsmethoden und der Planungsprinzipien

[45] Weitere planungsrelevante Fragen der Grundlagenforschung vgl. z. B. bei J. Kuczynski: Studien zu einer Geschichte der Gesellschaftswissenschaften, Bd. 2, Berlin 1975.

unter Berücksichtigung der charakteristischen Ziel-Bedingungs-Relation eines Forschungsproblems.

Der gegenwärtige Stand unserer Kenntnisse zur Planungsmethodik und die vielseitigen Fragen, die mit der praktischen Umsetzung der Planungsordnung der Akademie der Wissenschaften zusammenhängen, erlauben es gegenwärtig jedoch lediglich, einzelne Phasen einer Planungsmethodik zu skizzieren. Diese Schritte auf dem Wege zu einer Planungsmethodik in dem angegebenen Sinne sind auf der Grundlage der bisherigen Darlegungen theoretisch abgeleitet. Es liegen bisher noch keine umfassenden Erfahrungen darüber vor, wie derartige Teilergebnisse (Methodikteile) den zu stellenden Anforderungen im Hinblick auf einen operativen, realen, flexiblen und wirksamen Plan für die Grundlagenforschung genügen. Weitere Arbeiten zur Vervollkommnung einer Planungsmethodik müssen sowohl Erkenntnisse aus der praktischen Anwendung verwerten als auch die Methoden und Prinzipien sowie ihre Verflechtung weiter und tiefer theoretisch begründen.

Die skizzierten ausgewählten planmethodischen Schritte beziehen sich darauf, wie im Forschungsplan der AdW die wesentlichen geforderten Informationen des Aufgabenblattes (Formblatt 1514)[46] gewonnen werden können, d. h. auf die Erarbeitung des Planes einer komplexen Aufgabe im Rahmen des Fünfjahrplans eines Akademie-Institutes mit ihrem Bezug zu der zuständigen Hauptforschungsrichtung.[47]

Für die erforderlichen Stufen und die Schrittfolge des Planungsprozesses liegen, neben den Hinweisen aus der Planungsordnung der Akademie, verschiedene Konzeptionen vor.[48] Im allgemeinen werden folgende Stufen angegeben, die aber nicht nur linear zusammenhängen, sondern mehrfach

[46] Vgl. Anordnung über die Ordnung der Planung ..., a. a. O., Teil II, S. 46, und Ordnung der Planung der Akademie der Wissenschaften der DDR, a. a. O., Teil II, S. 2/1 bis 2/14.

[47] Mit der Konzentration auf diese Frage ist gleichzeitig verbunden, daß einige andere zunächst hier nicht behandelt werden. Dazu gehören beispielsweise die gezielte prognostische Planvorbereitung, die internationale Forschungskooperation, die Überführung der Ergebnisse, die Schutzrechts- und Lizenzarbeit, die komplexe institutionelle Planung, Anforderungen aus der disziplinären Entwicklung wie auch spezielle Differenzierungen nach unterschiedlichem Planzeitraum.

[48] Vgl. S. E. Zločevskij u. a.: Information in der wissenschaftlichen Forschung, Berlin 1972, S. 43–45; K. L. Gorfan, N. J. Komkov und L. E. Mindeli: Planirovanie i upravlenie naučnymi issledovanijami, Moskau 1971, S. 45–63; K. A. Lange: Organizacija upravlenija naučnymi issledovanijami, Leningrad 1971, S. 95–122; E. S. Maiminas: Planungsprozesse, a. a. O., S. 174; V. K. Beklešov und P. N. Zavlin: Normirovanie truda v NII i KB, Moskau 1973, S. 26f.; P. Hanke: Planungsprobleme in der Grundlagenforschung, a. a. O., S. 145–153; J. Wolf: Entwurfsskizze zur Konstitution der Forschungsmethodik, a. a. O., S. 27ff.

verflochten sind: Prognose und Analyse, Planvorgaben, Zielableitung und Zielsetzung, Planentwürfe, Planbestätigung. Zu diesen Stufen sollen Planungsmethoden und -prinzipien zugeordnet werden (vgl. die Übersicht auf den Seiten 143–145).[49]
Streng genommen stellt die folgende Übersicht erst eine Vorstufe zu einer Methodik der Planung der Grundlagenforschung dar. Das zeigt sich bei einem Vergleich der Übersicht mit den angegebenen Charakteristika einer Methodik. Es ist das Ziel dieser Darstellung, Hinweise darüber zu vermitteln, welche Planungsmethoden und -prinzipien zur konkreten Gestaltung eines Planungsschrittes herangezogen werden können. Selbstverständlich werden zur Planung die angegebenen Methoden und Prinzipien nicht im ganzen Umfang, sondern nur insoweit eingesetzt, wie sie im konkreten Schritt der Planung der Grundlagenforschung eine vorgesehene Wirkung auslösen können. Der berechtigten Forderung nach einer weiteren Systematisierung, Ordnung und einer Festlegung der Reihenfolge der Methoden und Prinzipien kann im vorliegenden allgemeinen Fall schwer entsprochen werden, ehe nicht die konkrete praktische Anwendung hier weiteres Material zu einer Vervollkommnung liefert. Es sollte auch die Gefahr vorschneller „Rezepte" der Planung vermieden werden.

Einige Planungsmethoden und -prinzipien für einzelne Abschnitte des Planungsprozesses

Schritt im Planungsprozeß	Planungsmethoden	Planungsprinzipien
1. *Prognostizierung* Bestimmung von *möglichen* Zielen, Wegen und Mitteln	Expertenbewertungen, Extrapolation, Modellierung, Prognosegraph, Verfahren der Mathematik und Statistik, der Problemlösung, der Heuristik, Kombinatorik etc. Sie können gruppiert werden (nach dem Wesen des methodischen Vorgehens) in – Expertisen (Nutzung von Expertenwissen, Intuition, Erfahrung, Ideenreichtum ...)	Prinzipien entsprechend dem System der ökonomischen Gesetze des Sozialismus, Grundsätze der sozialistischen Leitung, Prinzipien der Komplexität, der Ziel-Ressourcen-Übereinstimmung, der Perspektivität, der Hierarchie der Ziele, Prinzipien auf der Grundlage der Entwicklungsgesetze der Wissenschaft im gesellschaftlichen Rahmen, Festsetzungen lang-

[49] Wegen ihrer Allgemeingültigkeit wird darauf verzichtet, die Methoden der Dialektik, Logik, Erkenntnistheorie u. a. mit einzuordnen. Sie gehören zu fast jedem zu vollziehenden Schritt. Die Übersicht unterliegt außerdem den Einschränkungen und erfordert die Berücksichtigung der Gesichtspunkte, die weiter vorn erwähnt wurden. Sie trägt vorläufigen Charakter und soll als ein Schritt auf dem Wege zu weiterer Vervollkommnung betrachtet werden.

Schritt im Planungsprozeß	Planungsmethoden	Planungsprinzipien
	– formalisierte Methoden (zum Aufbereiten von Daten) – Prognoseforschung (zur Schaffung von Daten, Erkenntnissen ...)	fristiger Pläne und genereller Orientierungen
2. *Analyse* der abgelaufenen und der laufenden Planrealisierung und vor allem der gesamten Planungssituation	Systemanalyse, Stichprobenverfahren, Kennziffernvergleiche (für Bedarf, Zeitreihen, Grenzwerte, Strukturen, Substitutionsprozesse, Input-Output-Relationen, Ziele, Verflechtungen, Organisation, Zeitbudget etc.); Gruppendiagnostik, Arbeitsstudium, Befragung, Beobachtung, Dokumentenanalyse, Fallstudien, Black-Box-Methode	Prinzipien entsprechend dem System der ökonomischen Gesetze des Sozialismus, Prinzipien des rationellen Wirtschaftens (Handelns), der Rentabilität, der Zielvervollkommnung, der Operativität und der etappenweisen Realisierung, Prinzipien entsprechend den Gesetzen der Wissenschaftsentwicklung, Festsetzungen langfristiger Pläne und genereller Orientierungen
3. *Zielableitung/ Zielsetzung* für ein Forschungsproblem	Prognosemethoden (wie unter 1.), Systemanalyse, Komposition, Dekomposition, Prioritätenermittlung, Bilanzierung, Verflechtungsanalyse, Aufstellung einer Zielmatrix, Bewertungsverfahren, Zielbaum-Methode, Ziel-Ressourcen-Matrizen, stochastische Alternativnetzpläne, Graphical Evaluation and Review Technique (GERT), Selektivnyj Metod Prognozirovanija i perspektivnogo Planirovanija (SMP), Entscheidungsmodelle und -verfahren, Methoden der Spieltheorie, Kombinatorik, der Optimierung, Black-Box-Methode, Heuristiken	Prinzipien entsprechend dem System der ökonomischen Gesetze des Sozialismus und der Gesetze der Wissenschaftsentwicklung, Prinzipien der sozialistischen Leitung, Prinzipien der Ziel-Ressourcen-Übereinstimmung, der Zielverfolgung, der Bilanziertheit, der Hierarchie der Ziele, der Präferenzordnungen, Entscheidungsregeln und Optimalitätskriterien, Festsetzungen entsprechend langfristigen Konzeptionen und Plänen
4. *Planentwurf* (Ziel-	System der komplexen Planung (SKP), SMP, Ziel-Ressourcen-Matrizen, Naučno-techničeskie	Prinzipien entsprechend dem System der ökonomischen Gesetze des Sozialismus und der

Schritt im Planungsprozeß	Planungsmethoden	Planungsprinzipien
Mittel-System) Problem-Potential	celevye Programmy (NTCP), automatisiertes System der Planberechnung (ASPR), Opyt planirovanija ozenok i rešenii (OPOR), Forecast and Appraisal for Management Evolution (FAME), Bewertungsverfahren, Verflechtungsbilanzierung, Netzplantechnik, Entscheidungsmatrix, Planspiel, Simulationsmodelle, Versuchsplanung, Theorie des Experiments, Monte-Carlo-Methode, Bedienungssysteme, Optimierungsmodelle (für Transport, Rundfahrt, kürzeste Wege, maximale Flüsse, Verteilung)	Gesetze der Wissenschaftsentwicklung, Prinzipien des rationellen Wirtschaftens (Handelns), der sozialistischen Leitung, Prinzip der qualitativen Gliederung und quantitativen Proportionierung, der Leitung mit Zielverfolgung, Prinzipien der komplexen Planung des Ziel-Mittel-Systems, der Präferenzordnung, der Disponibilität und der Reservebildung, Organisationsprinzipien, zentrale Festlegungen und Pläne

Diese Übersicht fordert u. a. folgende Überlegungen heraus: Die Zuordnung von Methoden und Prinzipien zueinander und beider zu den Abschnitten des Planungsprozesses ist noch zu summarisch. Ferner müssen die Schritte im Planungsprozeß offenbar weiter detailliert werden. Es zeigt sich aber bereits jetzt, daß die einzelnen Schrittfolgen jeweils ein spezifisches Spektrum von Methoden und Prinzipien erfordern. Für die weitere Untersuchung dürfte – neben der bereits erwähnten weiteren Aufgliederung der Planungsteiltätigkeiten und -schritte[50] – auch eine Zuordnung von Methoden und Prinzipien zu verschiedenen Forschungsproblem*typen* erfolgversprechend sein. Damit wird nicht nur eine weitere Beziehung der Planungsforschung zu methodentheoretischen Arbeiten unterstrichen. Vielmehr dürfte auch festgestellt werden können, daß sich die für eine Planungsmethodik im vorn beschriebenen Sinne aufeinander abgestimmte problemadäquate Vereinigung von Methoden und Prinzipien – will man nicht bei dem Allgemeinheitsgrad bleiben, der bei der Planungsordnung notwendigerweise gewählt werden muß – nur erreichen läßt, wenn es gelingt, diese hier genannten Probleme der Differenzierung der Planungstätigkeit und der Typisierung von Problemen zu lösen. Dann könnten auch die Problemeignung von Methoden und die methodischen Grundansprüche von bestimmten Problemgruppen charakterisiert werden. Damit wird m. E. auch zweierlei deutlich: Einmal

[50] Vgl. dazu auch Abschnitt 2.4.

kann eine Planungsordnung nicht eine Planmethodik im definierten Sinne ersetzen. Erstere stellt vielmehr einen generellen Rahmen für letztere dar. Zum anderen wird es gerade in der Grundlagenforschung, wo immer wieder neue Probleme gesucht und in Angriff genommen werden, notwendig sein, nicht nur Planungsmethodiken gewissermaßen gebrauchsfertig zu entwickeln, sondern darüber hinaus Wege zum Selbstkonstruieren planmethodischer Vorgehensweisen innerhalb eines generell festgelegten Rahmens zu zeigen.

Wie bereits erwähnt, erfordert die Spezifik der Grundlagenforschung mit ihrer Variabilität und Unbestimmtheit einen variablen, flexiblen Planungstyp, eine Planung, die Anpassungsprozesse ermöglicht. Eine solche Anpassung kann im Prinzip auf zwei Wegen erfolgen: erstens im Rahmen des konzipierten Plans, durch Modifizierung der Planinhalte und unter Nutzung der vorhandenen Menge von Planungsmethoden und zweitens durch eine Neuaufstellung des Plans mit einer Modifizierung bzw. Erweiterung der Planungsmethoden.

Ein Verfahren zur eigenständigen *Anpassung* bzw. Selbstkonstruktion *von Planungsmethoden* kann gewissermaßen als eine „Obermethode" (zur Konstruktion von Planungsmethoden) betrachtet werden. (Später könnte sich daraus eventuell eine Konstruktionsmethode für die gesamte Planungsmethodik entwickeln.) Das erfordert eine sukzessive Analyse der Aufstellung und der Realisierung des Forschungsplans. Im Ergebnis der Analyse ist zu entscheiden, welche Art der Anpassung der Planungsmethoden erforderlich ist. Man vergleicht die methodischen Anforderungen der Planungssituation mit der vorliegenden Menge von Planungsmethoden. Das erfordert eine einheitliche Merkmalsklassifizierung durch qualitative und quantitative Bewertung. Gelingt es, ein Maß für die Merkmalskomplexe zu bilden, z. B. $\mu(M)$, wobei (M) der Merkmalskomplex ist, und die Merkmale M untereinander disjunkt sind, dann könnte man die Entscheidung aus einem Maß der Ähnlichkeit bzw. Analogie ableiten:[51]

$$\mu(M_{PS}, M_{PM}) = \frac{\mu\,(M_{PS} \cap M_{PM})}{\mu\,(M_{PS} \cup M_{PM})}\ ;\ 0 \leqq \mu \leqq 1$$

Darin bedeuten: M_{PS} – Merkmalskomplex der methodischen Anforderungen der Planungssituation, M_{PM} – Merkmalskomplex der Planungsmethoden, $\cup$ – (mengentheoretische) Vereinigung, $\cap$ – (mengentheoretischer) Durchschnitt.

Für die Entscheidung ist noch die Einführung einer Schranke $\mathfrak{z}$ wesentlich, oberhalb derer man einer Anwendung der Methode in der konkreten Situation zustimmt, also ($0 \leqq \mathfrak{z} \leqq \mu \leqq 1$). Im Falle $\mu < \mathfrak{z}$ sind spezifische Anpassungsoperationen erforderlich, z. B. durch eine veränderte Kombination der

[51] Vgl. G. Klaus (Hrsg.): Wörterbuch der Kybernetik, a. a. O., S. 34.

Einzelmethoden oder die empirische Ermittlung bzw. theoretische Begründung einer neuen Methode. Dieser Ablauf hat enge Beziehungen zum Verfahren von Jampol'skij und Lisičkin zur Auswahl von Methoden zur Prognostizierung.[52] Praktisch entscheidend dafür ist jedoch, daß die Klassifizierung und Bewertung der genannten Merkmale ermöglicht wird. Dazu sind noch weitere wissenschaftstheoretische Voraussetzungen zu schaffen.

Der gesamte Ablauf dieses Vorgehens kann auch schematisch in Form eines Flußdiagramms dargestellt werden (in Anlehnung an Programmablaufpläne). Für die einzelnen Schritte des Ablaufs werden folgende fünf Symbole verwendet: 1. Operationssymbol, 2. Alternativ-(Frage-)symbol, 3. Organisationssymbol für Start, Halt/Stop, 4. Konnektoren und 5. Symbol für Ein- und Ausgabe sowie für Speicher.[53] Unter den gegebenen Bedingungen stellt dieser Ablauf (vgl. Abb. 7) ein heuristisches Programm dar, das das schrittweise Vorgehen festlegt, aber keine rein formale Ausführung der einzelnen Schritte gestattet.[54]

Aus der Gesamtheit der Planungsmethoden sind zwei Gruppen von besonderer Bedeutung zur Bildung von speziellen Methodikteilen der Planung der Grundlagenforschung: Methoden menschlichen Entscheidungsverhaltens und strukturwissenschaftliche Methoden.

Verfahren und Erkenntnisse der Psychologie und Sozialpsychologie erscheinen besonders geeignet, die Entscheidungen[55] in Forschungskollektiven, in Leitungsgremien und wissenschaftlichen Räten zum Ablauf der Forschung und ihrer Planung unter den spezifischen Bedingungen der Grundlagenforschung zu vervollkommnen.

Ein weiterer Weg zur Qualifizierung von Planungsentscheidungen besteht darin, das menschliche Entscheidungsverhalten mit strukturwissenschaftlichen Methoden zu modellieren. Probleme mathematischer, statistischer und kybernetischer Methoden sowie der Operationsforschung nehmen in vielen Publikationen zur Planung einen relativ großen Raum ein, nicht zuletzt, weil in einem bestimmten Stadium konkrete quantitative Planangaben, z. B. zu Arbeitskräften, Zeiten und Fonds notwendig sind. Damit ergeben sich die schwierigen Fragen des Übergangs von qualitativen Aussagen (beispielsweise auf Grund von Gesetzen der Wissenschaftsentwicklung) zu

[52] Vgl. S. M. Jampol'skij und V. A. Lisičkin: Prognozirovanie naučno-techničeskogo progressa, a. a. O., S. 78–94.

[53] Vgl. G. Clauß, H. Conrad u. a.: Einführung in die Programmierung von Lehr- und Lernprozessen, Berlin 1974, S. 85–92, S. 236–251.

[54] Vgl. W. Heitsch: Methodenentwicklung und Gesetzeserkenntnis, a. a. O., S. 125

[55] Eine instruktive Einführung in die Entscheidungsproblematik im Rahmen der sozialistischen Leitung mit zahlreichen praktischen Belegen aus der Sowjetunion vermittelt die Arbeit von J. A. Tichomirow: Die Leitungsentscheidung, Berlin 1975.

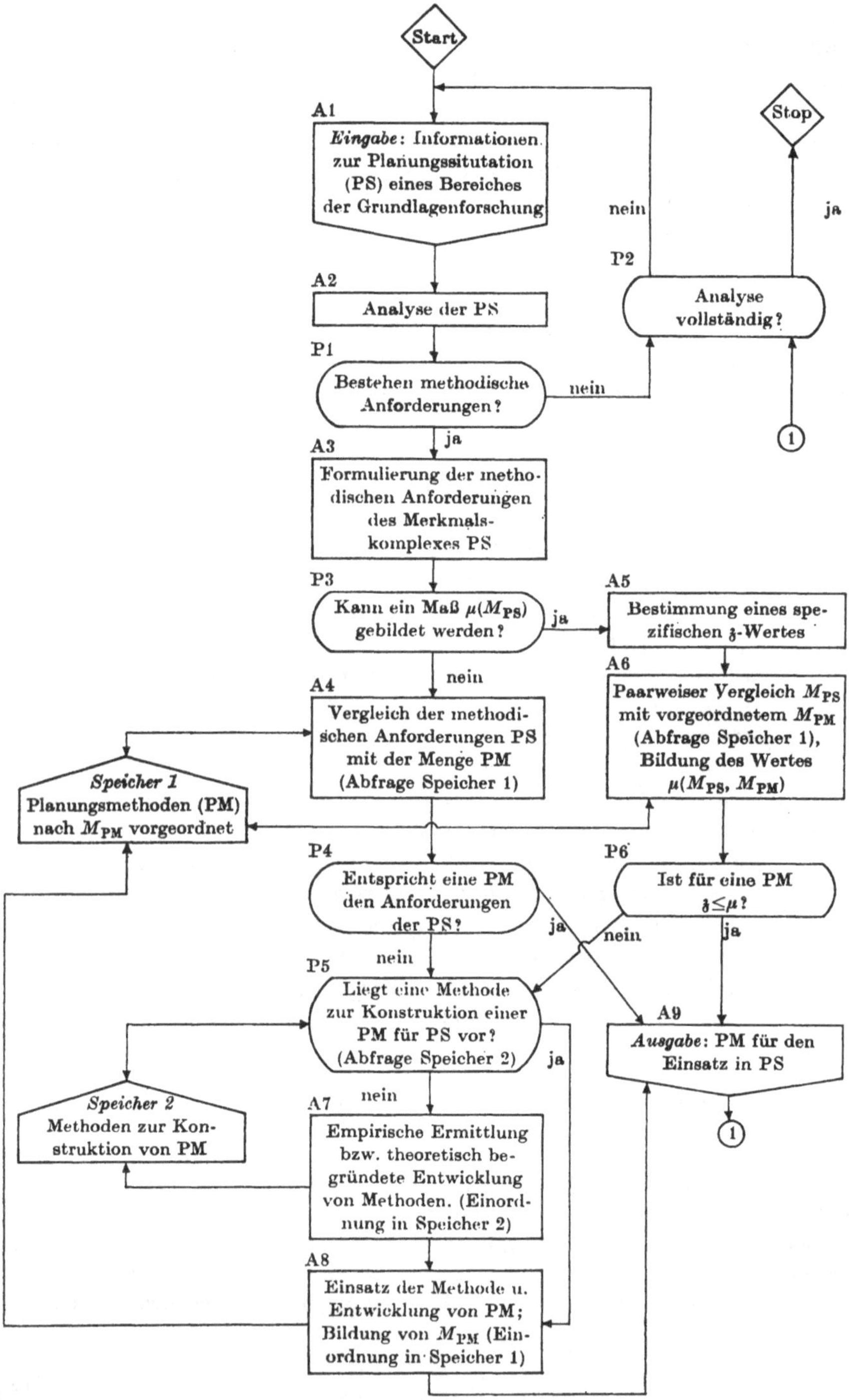

Abb. 7: Programm zur Konstruktion bzw. zum Einsatz von Planungsmethoden (PM)

quantitativen Aussagen.[56] Wenn nicht metrische Angaben möglich sind, sollten doch wenigstens topologische bzw. komparative angestrebt werden. „Die qualitative (inhaltliche) Bestimmtheit des Gesetzes bedingt eine quantitative Bestimmtheit, die ihrerseits das Gesetz nicht einfach ergänzt, sondern einen wesentlichen Bestandteil seiner Erscheinung in den vielfältigen Prozessen des Wirtschaftslebens darstellt.“[57] Vielfach wird die Schwierigkeit des praktischen Vollzugs dieses Übergangs durch geschätzte oder empirisch belegte Wahrscheinlichkeitswerte zu überbrücken versucht. Man muß jedoch darauf achten, daß die innere Logik eines methodischen Vorgehens nicht dazu verleitet, nur nach formal widerspruchsfreien Konstruktionen zu streben, die zwar von dieser Seite her (beispielsweise von der Mathematik her) überzeugend sein können, aber der eigentlichen Problembewältigung in der Planung nur ungenügend nachkommen.

Trotzdem muß *nach Quantifizierungsmöglichkeiten auch bei der Planung der Grundlagenforschung gesucht* werden. Einige Probleme bzw. Wege in dieser Richtung sollen diskutiert werden. Für die konkrete Anwendung dieser Überlegungen sind allerdings noch weitere Untersuchungen notwendig (besonders, um noch fehlende Teilglieder zu ergänzen und um die hier angedeuteten Möglichkeiten zu einem einheitlichen, konsistenten Vorgehen zu verbinden). Es soll hier auch nur auf mögliche weitere Entwicklungen hingewiesen werden.

Die Herausbildung einer Planungsmethode für die Forschung knüpft an die schon getroffene Feststellung an, daß zur Bestimmung eines Handlungsziels u. a. die Kenntnis der entsprechenden Entwicklungsgesetzmäßigkeiten und eine Analyse der konkreten Entwicklungsbedingungen erforderlich ist. Neuere Arbeiten zur Gesetzesproblematik unterstreichen diesen Zusammenhang, verweisen gleichzeitig aber auch auf die Kompliziertheit sowie die dialektische Widersprüchlichkeit in den gesellschaftlichen Entwicklungsprozessen.[58] Für unsere Zielstellung des Aufbaus einer Planungsmethodik wäre mit einer Klärung der qualitativen Beziehungen ein wichtiger Schritt getan, der aber ergänzt werden muß durch die Bestimmung der quantitativen Relationen. Zu diesem Übergang könnte ein Ansatz von Hörz einen möglichen Entwicklungsweg darstellen. Nach seiner Auffassung kann die Dialektik von Notwendigkeit und Zufall, Möglichkeit und Wirklichkeit in gesellschaftlichen Gesetzen, die ja auch den Forschungsprozeß als spezifische gesellschaftliche Tätigkeit bestimmen, durch die *Konzeption des statistischen Gesetzes* am besten erfaßt werden. „Unter einem statistischen

[56] Vgl. Autorenkollektiv: Geschichte der marxistischen Dialektik, a. a. O., S. 129–163.

[57] Autorenkollektiv: Ökonomische Gesetze des Sozialismus in der Diskussion, a. a. O., S. 38.

[58] Vgl. Autorenkollektiv: Die Gesetzmäßigkeit der sozialen Entwicklung, Ausgewählte Beiträge, Berlin 1975.

Gesetz (G) verstehen wir einen allgemein notwendigen und wesentlichen Zusammenhang, wobei für das Verhalten eines Systems eine Möglichkeit existiert (M_s), die notwendig verwirklicht wird (W_s), und für das Verhalten der Elemente verschiedene Möglichkeiten existieren (m_n), die mit einer bestimmten Wahrscheinlichkeit (P_n) zufällig verwirklicht (w_n) werden.“ In einem qualitativ bestimmten statistischen Gesetz ist die notwendig zu realisierende Systemmöglichkeit enthalten, aber für die Elementmöglichkeit muß die Wahrscheinlichkeit der Realisierung in Abhängigkeit von den Bedingungen (b_n) bestimmt werden.[59]

Im konkreten Anwendungsfall müßten die Variablen mit Werten belegt werden und die Ausbildung von Struktur und Funktion der Beziehung $M_s - W_s$ sowie des Gesamtübergangs $M_s - W_s$ erfolgen. Dazu liegen jedoch bisher nur allgemeine verbale Beschreibungen vor. Außerdem ist unsere Kenntnis von Gesetzen der Wissenschaftsentwicklung noch unvollkommen. Wenn es gelänge, den Planungsprozeß in der Grundlagenforschung als Systemverhalten auf der Basis der Konzeption des statistischen Gesetzes darzustellen, wären wesentliche Aussagen über den künftigen Zustand, das zu verfolgende Ziel (Z) der Planung möglich. Davon ausgehend, könnten sich dann schrittweise (retrograd und prospektiv) Operationen (O) der Planung ableiten lassen, die es erlauben, von einem Ausgangszustand (A) des Planungsprozesses nach Z überzugehen. Der angedeutete Übergang vom statistischen Charakter der Gesetze bis zu konkreten Handlungsanweisungen für die Forschungsplanung ist jedoch noch recht hypothetisch und erfordert weitere Untersuchungen.

Segeth versucht, den Planungsprozeß bzw. den Plan mit den Mitteln der *Aufforderungslogik* zu erfassen. Er klammert dabei die Frage, wie die Größen A, O und Z im einzelnen zu ermitteln sind, aus und konzentriert sich vor allem auf die Relationen zwischen ihnen. Zur Bestimmung von Z und O müssen dann Methoden der Prognostizierung, der Zielsetzung sowie der Organisationsgestaltung (Ziel-Mittel-Systeme) und für A Methoden der Analyse herangezogen werden. Darüber hinaus berücksichtigt Segeth im Unterschied zu Hörz nicht, daß die Vermittlungen zwischen A, O und Z Wahrscheinlichkeitscharakter tragen. So kann seine Konzeption nur für die Struktur, nicht aber auch für den Prozeß der Planung der Grundlagenforschung mit ihren Unbestimmtheiten einige wichtige Anregungen vermitteln. Unter diesen Voraussetzungen kann man nach Segeth die Struktur eines Elementes des Planungsablaufes in der Beziehung $A \rightarrow (!O \rightarrow Z)$ darstellen.

59 Vgl. H. Hörz: Die Bedeutung statistischer Gesetze in den Gesellschaftswissenschaften, in: Deutsche Zeitschrift für Philosophie 2/1973, S. 182f. Vgl. auch H. Hörz: Determinismus und Entscheidungen, in: Deutsche Zeitschrift für Philosophie 3/1972, S. 261–283; H. Hörz: Objektives Gesetz und menschliches Handeln, in: Gesetz – Erkenntnis – Handeln, Berlin 1972, S. 35–68.

Die Beziehung lautet: „Wenn die Bedingung A gegeben ist, so wirst du, wenn du die Operation O ausführst, das Ziel Z erreichen.“[60] Dieser Ausdruck wird von Segeth unmittelbar zur Definition eines Plans herangezogen: „Ein Plan ist ein System von Aufforderungen, das den Zweck hat, die Ausführung eines Systems von Operationen so zu leiten, daß dieses von der Ausgangssituation, auf die der Plan bezogen ist, zum Planziel führt.“[61] (Bei dieser Definition eines Plans bleibt allerdings der Prozeß der Zielsetzung außerhalb der Planung. Auch muß bei der Planung der Grundlagenforschung das Moment der relativen Unbestimmtheit mehr berücksichtigt werden, besonders in seinen methodischen Konsequenzen für den Planungsprozeß, z. B. in der relativen Adäquatheit des Übergangs von A nach Z.) Um praktische Planungsprozesse beschreiben zu können, muß man ferner davon ausgehen, daß A, O und Z eigentlich jeweils Mengen darstellen. Dabei bestehen verschiedene Relationen zwischen $A-O-Z$, und im Prozeß des Übergangs von A zu Z mit Hilfe von O entstehen Relationsfolgen mit Verzweigungen und Vereinigungen analog den bekannten Netzplänen. Eine Orientierung für die Gliederung in den Mengen A, O, Z und zwischen ihnen vermittelt das Ziel-Programm-Ressourcen-Prinzip der komplexen Planung.[62] Auf der Grundlage der inhaltlichen Problemanalyse (vornehmlich der qualitativen Analyse der Kenntnisse bei Aufnahme der Forschungen – A, der angestrebten Problemlösungen – Z und möglicher/erforderlicher Forschungsmethoden – O) ist dann das effektivste Tripel (A_j–O_k–Z_{jk}) zu bewerten und auszuwählen, so daß dann Entscheidungs- bzw. Aufforderungsfolgen für den Forschungsplan konstruiert werden können.

Zur Fundierung der Entscheidungen im Rahmen der Forschungsplanung erscheint die *Spieltheorie* als geeigneter Ausgangspunkt. Die Spieltheorie kann verstanden werden „als eine mathematische Theorie der Entscheidungsfindung unter den Bedingungen der Ungewißheit“[63]. Ein Entscheidungsschritt in der eben erwähnten Folge soll in einer formalen Darstellung erläutert werden. Auch in den nachfolgenden Ausführungen handelt es sich um einen möglichen Ansatz, der weiterer Untersuchungen bedarf. Zuerst sind aus den Mengen A, O, Z der einzelnen konkreten Aufforderung (dem einzelnen Problemlösungsschritt) angemessene Elemente A_j, O_k, Z_{jk} (mit $A_j \in A$, $O_k \in O$, $Z_{jk} \in Z$) auszuwählen. Diese Auswahl ist problemspezifisch und muß sich an gesellschaftlichen Erfordernissen und innerwissenschaftlichen (diszipli-

60 W. Segeth: Aufforderung als Denkform, a. a. O., S. 62.
61 Ebenda, S. 143.
62 Vgl. N. P. Fedorenko (Hrsg.): Kompleksnoe narodnochozjajstvennoe planirovanie, a. a. O., S. 32f.
63 N. N. Worobjow: Entwicklung der Spieltheorie, Berlin 1975, S. 36f. Vgl. auch G. Klaus und H. Liebscher: Systeme – Informationen – Strategien, Berlin 1974, S. 235–244.

nären) Kriterien orientieren.[64] Der Übergang von A nach Z kann mathematisch dargestellt werden als Anwendung des Operators O auf den Ausgangszustand A mit dem Ergebnis der Überführung in den Zielzustand Z. Allgemein gilt:

$$O_k(A_j) \rightarrow Z_{jk}$$

für $j = 1, 2, \ldots, n$ und $k = 1, 2, \ldots, m$.

Die Elemente bilden eine Ausgangs-Ziel-Matrix:

	O_1	O_2	$O_3 \ldots$	$O_k \ldots$	O_m
A_1	Z_{11}	Z_{12}	$Z_{13} \ldots$	$Z_{1k} \ldots$	Z_{1m}
A_2	Z_{21}	Z_{22}	$Z_{23} \ldots$	$Z_{2k} \ldots$	Z_{2m}
A_3	Z_{31}	Z_{32}	$Z_{33} \ldots$	$Z_{3k} \ldots$	Z_{3m}
.	.	.	.	.	.
.	.	.	.	.	.
.	.	.	.	.	.
A_j	Z_{j1}	Z_{j2}	$Z_{j3} \ldots$	$Z_{jk} \ldots$	Z_{jm}
.	.	.	.	.	.
.	.	.	.	.	.
.	.	.	.	.	.
A_n	Z_{n1}	Z_{n2}	$Z_{n3} \ldots$	$Z_{nk} \ldots$	Z_{nm}

Für die Praxis der Forschung kann man die vernünftigen Annahmen machen, daß 1. m und n endlich sind, 2. der wahrscheinlichste Fall ist, daß *nicht* alle A_j, O_k und Z_{jk} bekannt und damit in der Matrix existent sind und 3. die Elementkombinationen in der Matrix nicht voneinander unabhängig sind. Die letzte Annahme beinhaltet die Tatsache, daß eine gewisse Vorherbestimmtheit der Kombinationen besteht und nicht im Rahmen aller vorliegenden Elemente eine freie Wählbarkeit gegeben ist. Diese Aussage hat unmittelbar Konsequenzen für die Gestaltung des Entscheidungsprozesses. Die Symbole A_j, O_k, Z_{jk} stellen semantische Variable dar, die mit qualitativen Ausdrücken belegt sind.

Zu einer konkreten Entscheidung müssen die Elemente Z_{jk} in bezug auf ihre Wirkung bei vorliegenden Mengen A_j, O_k vergleichbar gemacht werden, indem man sie einer einheitlichen Bewertung unterwirft. Die Bewertung ist äußerst komplex, speziell bei der Forschung unbestimmt und unterliegt u. a. auch deshalb stark subjektiven Einflüssen durch die bewertenden Wissenschaftler. Dieser Einfluß kann nie ausgeschlossen werden. Das Ziel muß aber darin bestehen, durch den Rahmen eines Bewertungsverfahrens und die Qualifizierung der Bewerter eine gewisse Objektivierung zu erreichen.[65] Zuerst sind die qualitativen Merkmale der Elemente, die be-

[64] Vgl. J. Wolf: Entwurfsskizze zur Konstitution der Forschungsmethodik in Abhängigkeit vom zu lösenden Forschungsproblem, a. a. O., S. 10–23.

[65] Vgl. z. B. G. M. Dobrov u. a.: Ėkspertny ocenki v naučno-techničeskom prognozirovanii, Kiew 1974, S. 50–67; S. D. Bešelev und F. G. Gurvič:

wertet werden sollen, und die Art der Skalierung zu ermitteln, mindestens in der topologischen bzw. komparativen Stufe. Dann ist die Art der Skalenbelegung und, falls mehrere Merkmale zur Elementbewertung herangezogen werden, der Modus der Bildung des synthetischen Wertes für ein Element zu klären.[66] Nach dieser Bewertung kann in der Menge Z eine (einfache, schwach geordnete) Präferenzordnung realisiert und die Ausgangs-Ziel-Matrix in eine Entscheidungsmatrix überführt werden. In unserem Falle könnten sich etwa folgende Faktoren dafür ergeben:

	Merkmal	Bewertung
Element A_j	1. vorliegender Grad der Problemerkenntnis bei A_j	Punktwert 1–10
	2. gesellschaftliche und wissenschaftliche Relevanz zur Problemlösung bei A_j	Punktwert 1–10
	3. Wahrscheinlichkeit des Auftretens von A_j	$0 \leq P(A_j) \leq 1$
Element O_k	1. Grad der Lösungseffektivität von O_k	Punktwert 1–10
	2. Aufwand zur Realisierung von O_k (Kader, Informationen, Zeit, Instrumente, Mittel)	VbE, TM, Woche/Monat
	3. Wahrscheinlichkeit der Realisierung von O_k	$0 \leq P(O_k) \leq 1$
Element Z_{jk}	1. Grad der Problemlösung bei Z_{jk}	Punktwert 1–10
	2. Nutzeffekt von Z_{jk}	Punktwert 1–10/ evtl. TM
	3. Wahrscheinlichkeit des Eintretens von Z_{jk} und Zeitraum	$0 \leq P(Z_{jk}) \leq 1$ Woche/Monat

Ėkspertnye ocenki, Moskau 1973; G. Lickert: Zur Bewertung als Teil der wissenschaftsprognostischen Tätigkeit, in: Probleme der Forschungsplanung. Studien und Forschungsberichte des Instituts für Wissenschaftstheorie und -organisation der AdW der DDR 11/1975, S. 76–87; A. A. Iwin: Grundlagen der Logik von Wertungen, Berlin 1975.

66 Vgl. P. Kohler und L. Wunderlich: Zur Anwendung von Prognosemethoden, in: Die Beschleunigung des wissenschaftlich-technischen Fortschritts, Berlin 1975, S. 180–194; S. D. Bešelev und F. G. Gurvič: Matematiko-statističeskie metody ėkspertnych ocenok, Moskau 1974; U. Ludwig und M. Heydt: Aufwand-Nutzen-Analysen in Forschung und Entwicklung, Berlin 1974, S. 89–126;

Offen gelassen in diesem Faktorenschema ist die Synthese der Einzelbewertungen der jeweiligen Mengen. Da an einer Bewertung in der Regel mehrere Experten beteiligt sind, ist der Modus zu klären, wie sich die kollektive Meinung artikuliert, z. B. durch eine gewichtete Aggregation der individuellen Werte oder die Ordnung einer Beschlußfassung in wissenschaftlichen Räten.

Man erhält die neuen bewerteten Elemente durch die Anwendung von Bewertungsfunktionalen auf die Gesamtheit der Elemente unserer Ausgangs-Ziel-Matrix in der Form

$$U_{jk} = b_Z(Z_{jk}),\ S_j = b_A(A_j), \quad m_k = b_0(O_k)$$

für $j = 1, 2, \ldots, n$ und $k = 1, 2, \ldots,$ m.

Über die Abhängigkeit der Bewertungsfunktionale untereinander wird hier nichts ausgesagt. Es bedeuten U_{jk} – bewertetes Zielelement; S_j – bewertetes Element des Ausgangszustands; m_k – bewertetes Operationselement; b_Z – Bewertungsfunktional der Ziele; b_A – Bewertungsfunktional der Ausgangszustände; b_0 – Bewertungsfunktional der Operationen. Die Elemente S_j, m_k und U_{jk} sind analog zu der schon erwähnten Operatorbeziehung bei der Ausgangs-Ziel-Matrix verbunden:

$$m_k(S_j) \rightarrow U_{jk}$$

für $j = 1, 2, \ldots, n$ und $k = 1, 2, \ldots, m$

und sie bilden die Entscheidungsmatrix:

	m_1	m_2	$m_3 \ldots$	$m_k \ldots$	m_m
S_1	U_{11}	U_{12}	$U_{13} \ldots$	$U_{1k} \ldots$	U_{1m}
S_2	U_{21}	U_{22}	$U_{23} \ldots$	$U_{2k} \ldots$	U_{2m}
S_3	U_{31}	U_{32}	$U_{33} \ldots$	$U_{3k} \ldots$	U_{3m}
.	.	.	.	.	.
.	.	.	.	.	.
.	.	.	.	.	.
S_j	U_{j1}	U_{j2}	$U_{j3} \ldots$	$U_{jk} \ldots$	U_{jm}
.	.	.	.	.	.
.	.	.	.	.	.
.	.	.	.	.	.
S_n	U_{n1}	U_{n2}	$U_{n3} \ldots$	$U_{nk} \ldots$	U_{nm}

Dabei wird hier unterstellt, daß eine eindeutige Zuordnung zwischen den Elementen der Ausgangs-Ziel-Matrix Z und der Entscheidungsmatrix U gegeben ist. Im allgemeinen Fall der Bewertung mit Aggregationen kann diese Zuordnung dann nicht mehr aufrechterhalten werden.

D. Hupfer: Entscheidungsprozesse der Baustoffauswahl, in: Systematische Baustofflehre, Bd. 2, Berlin 1974, S. 265–293.

Eine Präferenzordnung innerhalb der U_{jk} leitet zur eigentlichen Entscheidung über. Nach der Terminologie von Girlich liegt hier ein einstufiges Entscheidungsmodell vor.[67] Durch die Wahl einer Präferenzfunktion k über dem Entscheidungsraum ergibt sich ein Optimierungsproblem.[68]

Analog könnte auf die obige Entscheidungsmatrix U ein spezifischer Algorithmus zur systematischen Durchmusterung der Matrixelemente nach einer vorgegebenen Zielfunktion, z. B. ein maximales U_{jk} bei gegebenem m_k oder ein minimales m_k bei notwendig zu erreichendem U_{jk} angewendet werden. Die gewählte Zielfunktion wird dabei als ein konkreter Ausdruck der angestrebten Forschungsstrategie aufgefaßt. Entsprechende Algorithmen findet man in der zitierten Arbeit bei Girlich und in speziellen Bereichen der Operationsforschung. Allerdings muß hier eingeschränkt werden, daß optimale Forschungsmethoden O_{k*} unter den Bedingungen der Unbestimmtheit und dem gezeigten Bewertungsverfahren nur annähernd angebbar sind. Damit können hier zunächst nur Entscheidungsprinzipien eingesetzt werden, die die Auswahl in O_k orientieren, aber nicht optimieren. Diese Entscheidungsprinzipien sind:

1. Ordnungsprinzip
   a) für Operationen O_i, O_j gilt $O_i \gtrsim O_j$ oder/und $O_j \gtrsim O_i$
   b) wenn $O_i \gtrsim O_j$ und $O_j \gtrsim O_k$, dann $O_i \gtrsim O_k$ (Transitivität)
2. Dominanzprinzip
   $O_i \gtrsim O_j$, wenn $b_o(O_i) \gtrsim b_o(O_j)$[69, 70]

[67] Vgl. H.-J. Girlich: Diskrete stochastische Entscheidungsprozesse, Leipzig 1973, S. 39f.

[68] Vgl. ebenda, S. 51.

[69] Vgl. H. Schneeweiß: Entscheidungskriterien bei Risiko, Westberlin-Heidelberg-New York 1967, S. 7–42; O. Lange: Optimale Entscheidungen, Berlin-Warschau 1968, S. 321–346; R. L. Ackoff und M. W. Sasieni: Operations Research, a. a. O., S. 33–60.

[70] Das Zeichen „$\gtrsim$" stellt hier die Präferenz- oder Dominanzrelation dar. Der Ausdruck $O_i \gtrsim O_j$ bedeutet, O_i wird dem O_j vorgezogen bzw. O_i dominiert gegenüber O_j. Im Falle $O_i \sim O_j$ liegt Indifferenz vor. Beide Größen O_i und O_j erscheinen als gleichwertig. Die Ermittlung der Präferenzrelation unterliegt einem Komplex von Einflüssen, z. B. der Ausgangssituation, den konkreten Bedingungen, subjektiven und persönlichkeitsspezifischen Faktoren u. a., die verhindern, daß diesen Relationen die Eigenschaften objektiv widerspruchsfrei, allgemeingültig und wiederholbar (in bezug auf ihre Ermittlung) zukommen. Erst durch die Einführung einer Bewertung kann die Präferenzrelation ($\gtrsim$) in den mathematischen Begriff der Ordnungsrelation ($\geqq$) überführt werden, der eine eindeutige Entscheidbarkeit innerhalb definierter Mengen erlaubt. (Vgl. zur Ordnungsrelation D. Klaua: Kardinal- und Ordinalzahlen, Teil 1, Einführung in die Allgemeine Mengenlehre III/1, Berlin 1974).

Mit diesen Entscheidungsprinzipien ist im betrachteten Entscheidungsmodell die Forschungsmethode mit dem effektivsten (optimalen) m_{k*}-Wert zu bestimmen. In einer abschließenden Beurteilung muß entschieden werden, ob O_{k*} allein oder z. B. mit der nächstfolgenden Größe O_{k*-1} realisiert wird (Parallelstrategie). Hier wurde zunächst nur der Fall der einstufigen Entscheidung diskutiert. Im Rahmen eines Vorhabens bestehen aber Folgen (Netze) von Relationen (A, O, Z). Im einfachsten Fall der Kopplung $(A_i - O_i - Z_i)$ $(A_{i+1} - O_{i+1} - Z_{i+1})$ geht der vorhergehende Zielzustand (Z_i) in den neuen Ausgangszustand (A_{i+1}) über. Im Verzweigungsfall können auf Z_i zwei oder mehr Ausgangszustände folgen bzw. auf zwei oder mehr Zielzustände folgt ein A_{i+1}. Darüber hinaus können Übergänge von $Z_i \rightarrow O_{i+1}$ oder $O_i \rightarrow Z_{i+1}$ erfolgen. Für den Fall von Relationsfolgen ist ein mehrstufiger Entscheidungsprozeß auszuführen, der sich relativ adäquat in einem Entscheidungsplan darstellen läßt.[71]

In dieser Konstruktion wird nicht die Entscheidung an einzelnen Entscheidungsknoten getroffen, sondern die bewerteten Alternativen koexistieren zunächst, bis dann rückschreitend (retrograd) von einem bestimmten Endereignis aus die Wege im Netzplan, in erster Linie nach ihrer Realisierungswahrscheinlichkeit, beurteilt werden. Mit der Auswahl der realisierungswürdigsten Ereigniskette sind auch alle Entscheidungen in den berührten Knoten unter der Sicht des Endereignisses getroffen. Die bei diesen Entscheidungsnetzplänen auftretenden mathematischen Operationen können recht umfangreich werden.[72]

Bei den Unbestimmtheiten in der Grundlagenforschung und den gegenwärtigen Möglichkeiten zur Ausführung solcher Operationen sowie dem noch geringen Umfang vorliegender Erfahrungen zu diesem Verfahren sollten Entscheidungsnetzpläne zunächst auf einer mehr qualitativen Ebene eingeführt werden.

Versucht man, nach der Diskussion einiger planungsmethodologisch bedeutsamer Fragen und sich gegebenenfalls andeutender Möglichkeiten zu einem möglichen *Planungsprogramm* zu gelangen, dann muß u. a. zunächst festgestellt werden, daß die Bedingungen, die an ein Programm zu stellen sind,[73] zur Zeit nicht voll erfüllt werden können. Es kann z. B. nicht ge-

[71] Vgl. H. Dittrich: Analyse von Ablaufstrukturen im Bereich Forschung und Entwicklung – Anwendung von Entscheidungsnetzplänen, in: Entscheidungshilfen in der sozialistischen Betriebswirtschaft, Berlin 1974, S. 162–169.

[72] Vgl. ebenda, S. 169–218; vgl. auch die Entscheidung über eine zweckmäßige Zusammensetzung eines Forschungskollektivs in Abhängigkeit vom gegebenen Problem. B. Berten und W. Runge: Zur Theorie der Spiele und deren Anwendung in der Forschungsorganisation, in: Mathematik und Wirtschaft, Bd. 8, Berlin 1972, S. 149–160.

[73] Vgl. W. Heitsch: Methodenentwicklung und Gesetzeserkenntnis, a. a. O., S. 124f.

sichert werden, daß die dargestellte Reihenfolge der Planungsoperationen eindeutig festgelegt ist. Auch die relativ geschlossene Darstellung als Flußdiagramm darf daher und aus grundsätzlichen Erwägungen nicht als perfektionistische Festschreibung eines Ablaufes mißverstanden werden. Um detaillierte Hinweise für eine mögliche Verbesserung der Planungspraxis, insbesondere auch einzelner Planungsschritte zu geben, sind noch weitere praktische wie theoretische Untersuchungen erforderlich. Trotz dieser Aspekte soll ein Abschnitt eines möglichen Planungsprogramms hier angegeben werden, um auch spätere Entwicklungsschritte konzeptionell vorzubereiten. Analoge Ansätze, die teilweise schon in der praktischen Erprobung sind, werden auch in der UdSSR diskutiert.[74]

In den dargestellten Teilen eines möglichen Planungsprogramms lehnt sich die Folge der wesentlichen Operationssymbole (A_n) an die Planungsordnung der Akademie der Wissenschaften der DDR an. In den Gesamtablauf werden darüber hinaus weitere Operations- und Alternativsymbole (P_r) eingefügt, die sich aus logischen Überlegungen zur schrittweisen Erarbeitung und Verzweigung der Planaussagen ergeben. Der Inhalt der Operationen und Alternativen in dem Entwurf eines Planungsprogramms verbleibt auf einer allgemeinen Stufe, wobei ein gleichbleibender Grad nicht zu hoher Detailliertheit angestrebt wurde. Damit ist gesagt, daß die einzelnen Operationen weiter in speziellere Unterprogramme und Teilabläufe zerlegt werden können und für praktische Ziele zerlegt werden müssen. Dies wird z. B. bei den Operationen A 14 „Abstimmung auf institutioneller Ebene, Koordinierung durch HFR“ oder A 27 „Analysen und Kontrollen der Planerfüllung“ deutlich, die mehrere verschiedene Aktivitäten in sich vereinigen. Die Darstellung ist nach den gleichen Gesichtspunkten aufgebaut wie das Programm zur Konstruktion bzw. zum Einsatz von Planungsmethoden.

Die angegebenen Teile eines Planungsprogramms umfassen insgesamt 28 Operationssymbole (A_n) und 16 Alternativsymbole (P_r). Die angegebenen Speicher sind bei entsprechendem Aufbau durchaus später z. B. als Datenbanken in einem Informationssystem realisierbar. Voraussetzung ist, daß man einheitliche Deskriptionen festlegt und Bedingungen für ein Informationsrecherchesystem (IRS) schafft.[75] Mit diesen Bemerkungen sollen weitere Aspekte zur Rationalisierung der Forschungsplanung angedeutet werden, die aber notwendigerweise über den hier skizzierten Ablauf der Erfassung und schrittweisen Orientierung der Forschungsplanung z. B. durch das

[74] Vgl. V. N. Archangel'skij und Z. P. Kabanova: Avtomatizacija planirovanija naučnych issledovanij, Moskau 1973.

[75] Vgl. K. Fuchs-Kittowski, K. Lemgo und E. Mühlenberg: Differenzierung von Informationen und Probleme des Einsatzes der automatisierten Informationsverarbeitung in der Forschung, in: Problem und Methode in der Forschung, hrsg. von H. Parthey, Berlin 1977.

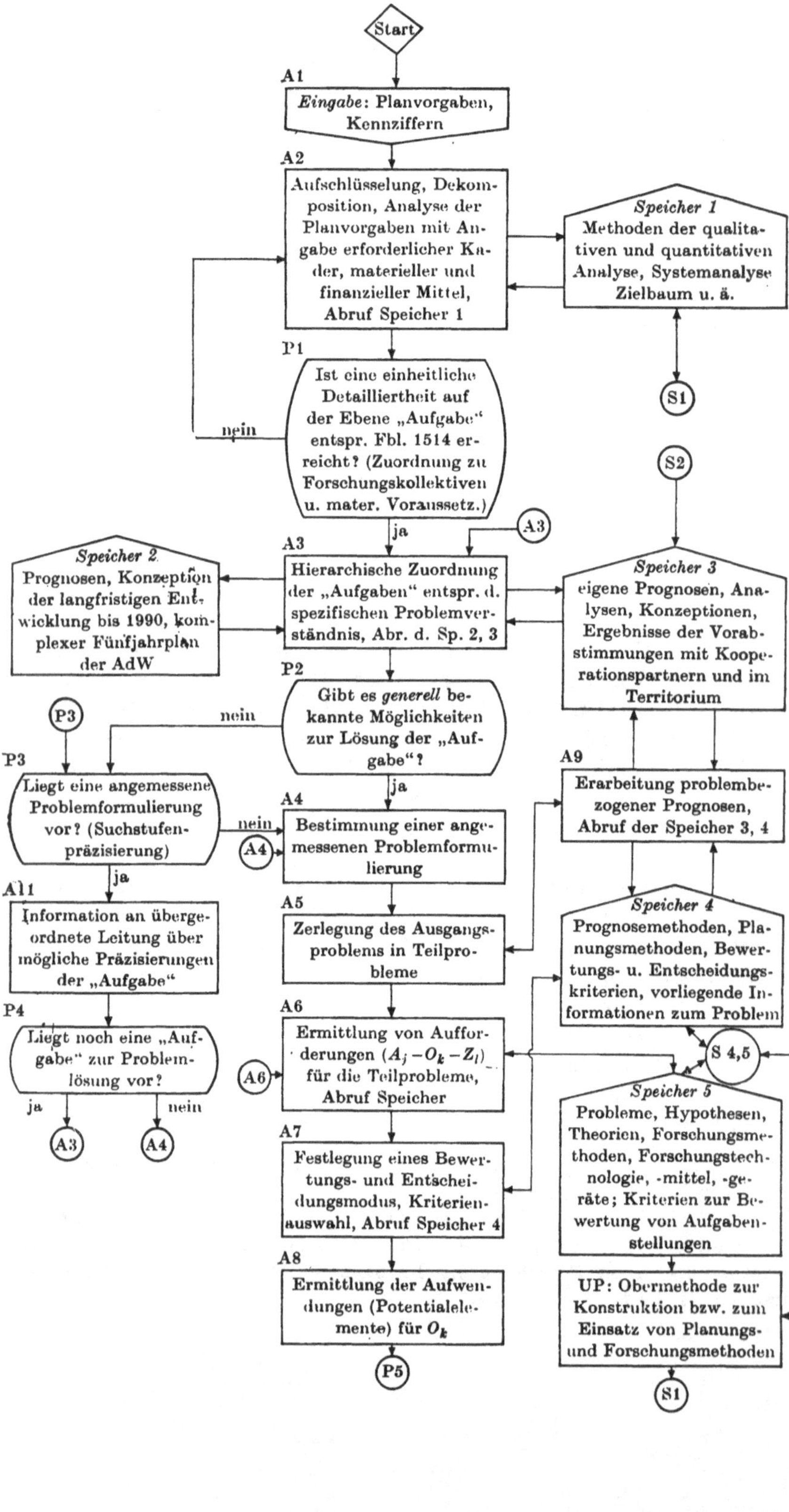

Start
A1
Eingabe: Planvorgaben, Kennziffern
A2
Aufschlüsselung, Dekomposition, Analyse der Planvorgaben mit Angabe erforderlicher Kader, materieller und finanzieller Mittel, Abruf Speicher 1
Speicher 1
Methoden der qualitativen und quantitativen Analyse, Systemanalyse Zielbaum u. ä.
S1
P1
Ist eine einheitliche Detailliertheit auf der Ebene „Aufgabe“ entspr. Fbl. 1514 erreicht? (Zuordnung zu Forschungskollektiven u. mater. Voraussetz.)
nein
ja
S2
A3
A3
Hierarchische Zuordnung der „Aufgaben“ entspr. d. spezifischen Problemverständnis, Abr. d. Sp. 2, 3
Speicher 2
Prognosen, Konzeption der langfristigen Entwicklung bis 1990, komplexer Fünfjahrplan der AdW
Speicher 3
eigene Prognosen, Analysen, Konzeptionen, Ergebnisse der Vorabstimmungen mit Kooperationspartnern und im Territorium
P2
Gibt es generell bekannte Möglichkeiten zur Lösung der „Aufgabe“?
nein
ja
P3
P3
Liegt eine angemessene Problemformulierung vor? (Suchstufenpräzisierung)
nein
ja
A4
A4
Bestimmung einer angemessenen Problemformulierung
A9
Erarbeitung problembezogener Prognosen, Abruf der Speicher 3, 4
A11
Information an übergeordnete Leitung über mögliche Präzisierungen der „Aufgabe“
A5
Zerlegung des Ausgangsproblems in Teilprobleme
Speicher 4
Prognosemethoden, Planungsmethoden, Bewertungs- u. Entscheidungskriterien, vorliegende Informationen zum Problem
P4
Liegt noch eine „Aufgabe“ zur Problemlösung vor?
ja
nein
A3
A4
A6
A6
Ermittlung von Aufforderungen ($A_j - O_k - Z_l$) für die Teilprobleme, Abruf Speicher
S 4,5
Speicher 5
Probleme, Hypothesen, Theorien, Forschungsmethoden, Forschungstechnologie, -mittel, -geräte; Kriterien zur Bewertung von Aufgabenstellungen
A7
Festlegung eines Bewertungs- und Entscheidungsmodus, Kriterienauswahl, Abruf Speicher 4
A8
Ermittlung der Aufwendungen (Potentialelemente) für O_k
UP: Obermethode zur Konstruktion bzw. zum Einsatz von Planungs- und Forschungsmethoden
P5
S1

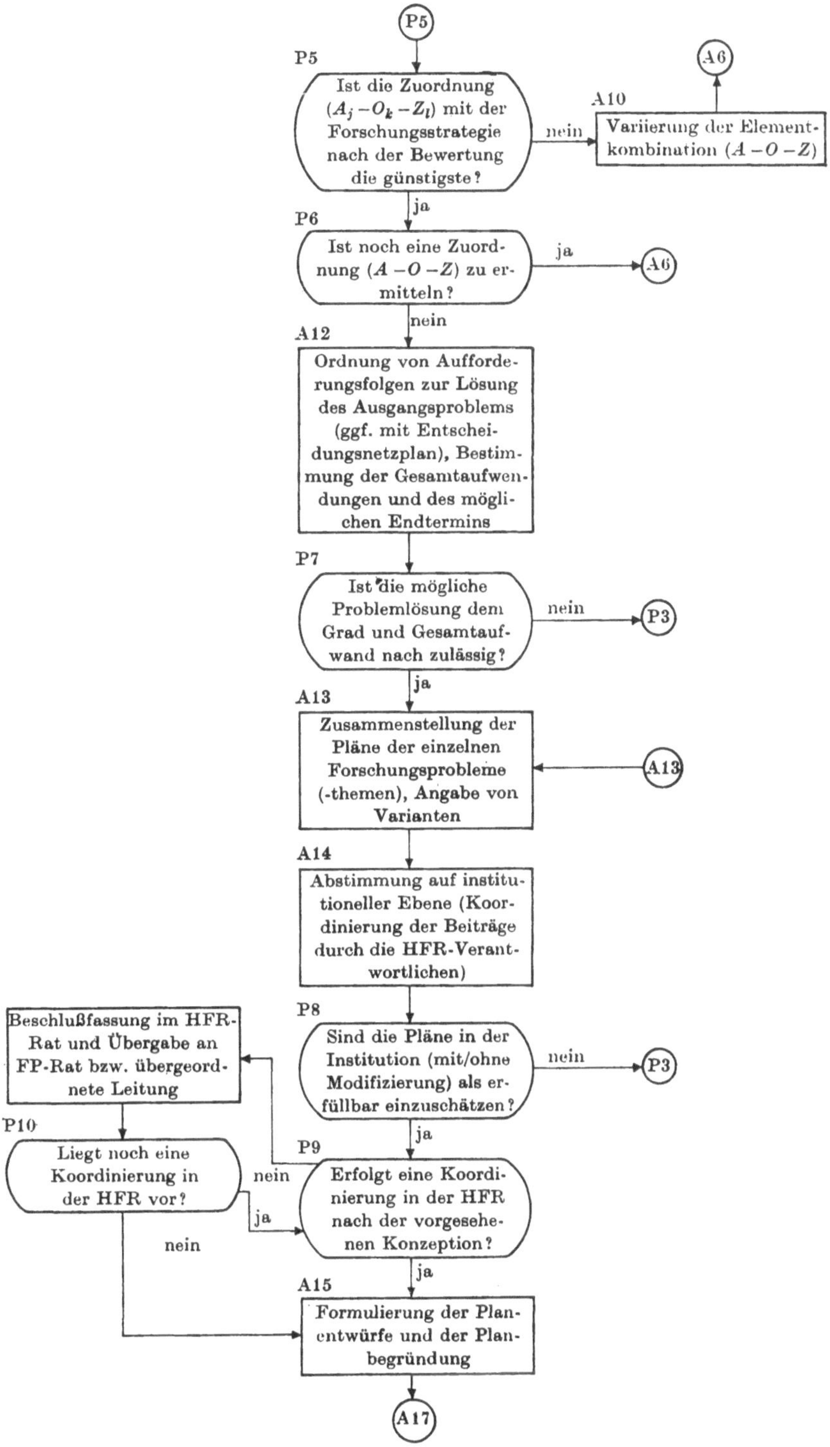
P5
P5
Ist die Zuordnung ($A_j - O_k - Z_l$) mit der Forschungsstrategie nach der Bewertung die günstigste?
nein
A10
Variierung der Elementkombination ($A - O - Z$)
A6
ja
P6
Ist noch eine Zuordnung ($A - O - Z$) zu ermitteln?
ja
A6
nein
A12
Ordnung von Aufforderungsfolgen zur Lösung des Ausgangsproblems (ggf. mit Entscheidungsnetzplan), Bestimmung der Gesamtaufwendungen und des möglichen Endtermins
P7
Ist die mögliche Problemlösung dem Grad und Gesamtaufwand nach zulässig?
nein
P3
ja
A13
Zusammenstellung der Pläne der einzelnen Forschungsprobleme (-themen), Angabe von Varianten
A13
A14
Abstimmung auf institutioneller Ebene (Koordinierung der Beiträge durch die HFR-Verantwortlichen)
P8
Sind die Pläne in der Institution (mit/ohne Modifizierung) als erfüllbar einzuschätzen?
nein
P3
ja
Beschlußfassung im HFR-Rat und Übergabe an FP-Rat bzw. übergeordnete Leitung
P10
Liegt noch eine Koordinierung in der HFR vor?
nein
ja
P9
Erfolgt eine Koordinierung in der HFR nach der vorgesehenen Konzeption?
nein
ja
A15
Formulierung der Planentwürfe und der Planbegründung
A17

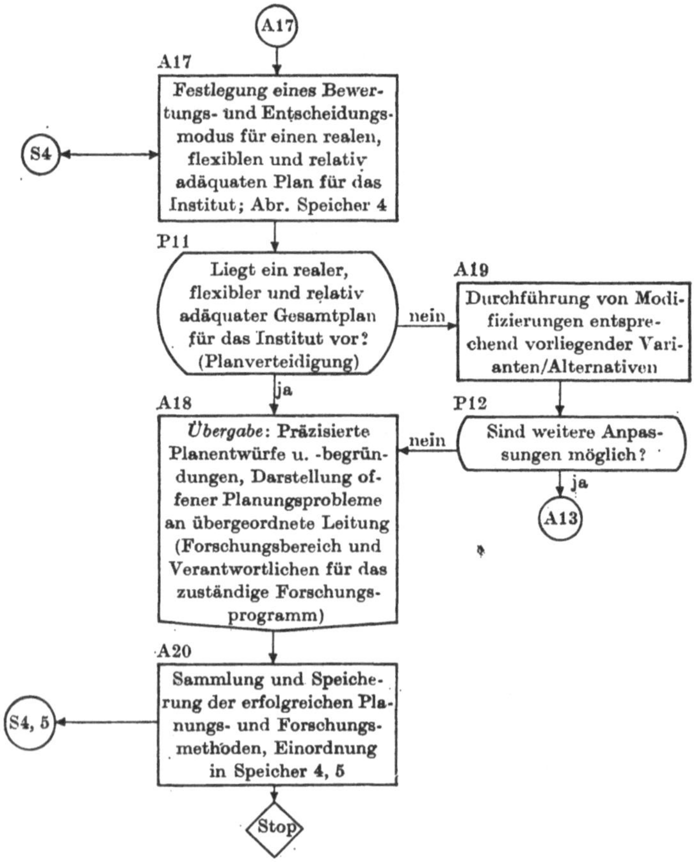

Abb. 8: Planungsprogramm Teil 1: Aufstellung der Planentwürfe (A 1–A 20) von der Planvorgabe bis zur Übergabe des Planentwurfs

gezeigte Planungsprogramm hinausführen. Der Speicher 5 und teilweise der Speicher 3 korrespondieren mit den detaillierteren Teilspeichern, wie sie von Parthey und Wolf im Zuge der experimentellen Forschung dargestellt werden.[76] Bei den Entscheidungen P5, P7, P8, P11 und P13 wird ganz oder teilweise Bezug genommen auf die Relation Problem – Lösungsaufwand (Potential). Auf die Problematik dieser Beziehung im Rahmen der Grundlagenforschung wurde weiter vorn kurz eingegangen. In der Planungspraxis werden „Faustregeln" genutzt, die z. B. besagen, daß experimentelle

[76] Vgl. H. Parthey und J. Wolf: Zur Analyse und rationellen Gestaltung des methodischen Vorgehens in der experimentellen Forschung, in: Leitung der Forschung – Probleme und Ergebnisse, hrsg. von G. M. Dobrov und D. Wahl, Berlin 1976, S. 388f.

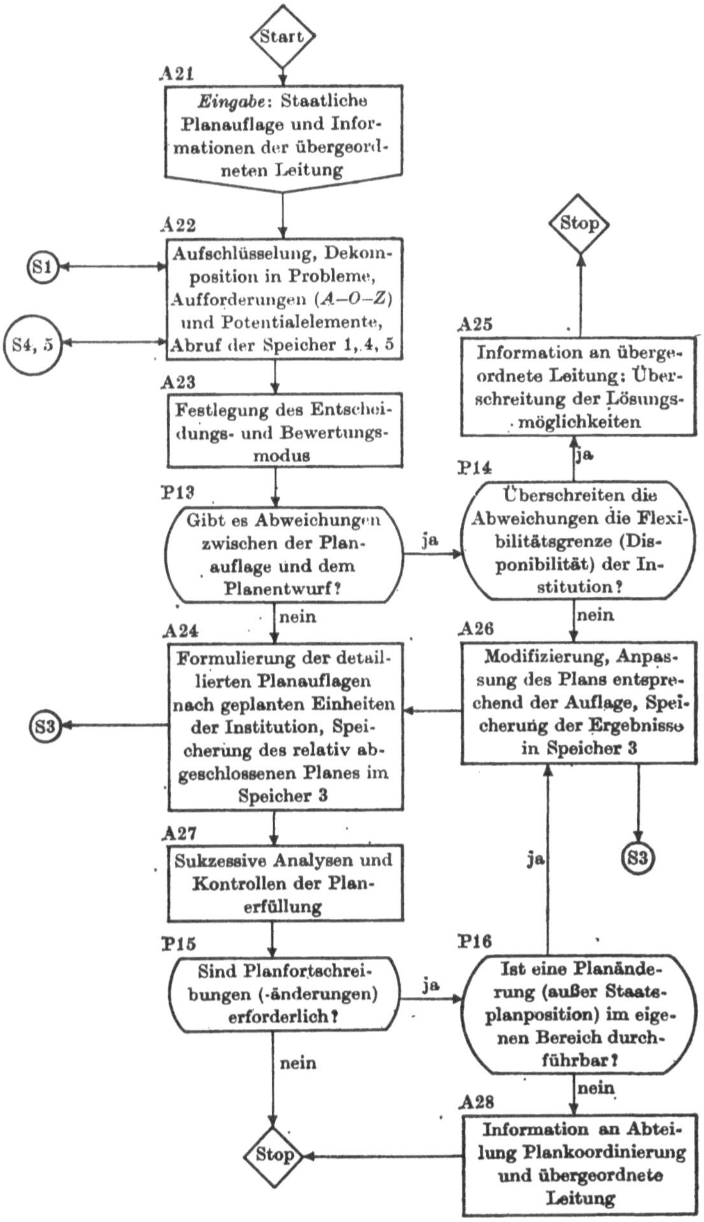

Abb. 9: Planungsprogramm Teil 2: Übernahme der Planauflagen und Plankontrolle (A 21–A 28)

Forschung einen bestimmten Beitrag an Forschungsmitteln je Forscher erfordert. Der Zwang zur Entscheidung in der Praxis führt zu notwendig empirisch gebildeten Vorstellungen und Verhaltensweisen. Auch aus der Sicht der Entwicklung eines Planungsprogramms ergibt sich so das Erfordernis, die weiter vorn diskutierten Fragen des Zusammenhanges von Problem, Methode und Potential zu untersuchen. Ferner zeigt sich, daß Gesetzeskenntnisse systematisch zur Fundierung der Forschungsplanung genutzt werden müßten. Einige Aspekte dieser Fragestellung für die Gestaltung des Planungsablaufes sichtbar zu machen, war das Anliegen dieses Kapitels.

6.3. Zusammenfassung

Aus der Darstellung der Entwicklung von Planungsmethoden für die Grundlagenforschung kann man nachstehende Schlußfolgerungen ziehen:

1. Als notwendiger Rahmen für die Planungsarbeit und damit gleichzeitig als wichtige Voraussetzung zu einer Planungsmethodik der Grundlagenforschung im definierten Sinne liegt die Planungsordnung der AdW vor. Sie stellt eine entscheidende Orientierungshilfe für die einzuhaltende Ziel-Bedingungs-Relation im Planungsprozeß dar. Zur weiteren Vervollkommnung der Forschungsplanung ist es jedoch zweckmäßig und notwendig, die Spezifik der Grundlagenforschung mehr zu berücksichtigen und Gesetzmäßigkeiten der Wissenschaftsentwicklung zu nutzen.
2. Ausgehend von einer Charakterisierung der Ziel-Bedingungs-Relation bei der Planung der Grundlagenforschung ist es notwendig, intensiv die Vervollständigung der Planungsmethoden zu einer Planungsmethodik und einem Planungsprogramm zu betreiben. Dabei muß sowohl die empirische Ermittlung als auch die theoretische Begründung von Planungsmethoden als Entwicklungsweg beschritten werden. Beide Wege bedingen sich wechselseitig.

   Die empirische Ermittlung hat für die Ableitung einer Planungsmethodik der Grundlagenforschung doppelte Bedeutung. Einmal ist sie ein wichtiger Weg der Methodenentwicklung und der Faktenverallgemeinerung, was eine unmittelbare Vorstufe der Gesetzesformulierung darstellt. Zum zweiten ist die empirische Ermittlung ein für die Grundlagenforschung nicht eliminierbarer methodischer Faktor zur Gestaltung einer stetigen Anpassungsplanung. Die bestehende Variabilität und relative Unbestimmtheit der Grundlagenforschung und der starke Einfluß menschlichen Entscheidungsverhaltens lassen keine starre Planung zu, sondern verlangen sukzessive Planpräzisierungen.

   Die theoretische Begründung wird wesentlich vorangebracht durch eine vertiefte Einsicht in die Gesetzesproblematik. Gesetzeskenntnisse haben hier die Funktion als theoretische Grundlage von Planungsmethoden bzw. als orientierende Planungsprinzipien. Als methodologische Grundlage reichen Gesetzesaussagen allein noch nicht aus. Sie sind unbedingt zu ergänzen durch Aussagen über die Wirkungsbedingungen und Erfordernisse der Gesetze sowie zum Verhältnis von qualitativer zu quantitativer Bestimmtheit.

3. Für Bemühungen zur rationellen Gestaltung des Planungsablaufes in der Grundlagenforschung deutet sich der methodentheoretische Ansatz, nach dem Methodiken als wesentliche Bestandteile methodische Prinzipien und Regeln vereinen, als tragfähiger Ausgangspunkt an. Die Anwendung dieses Konzepts zeigt einige Möglichkeiten, den Entwicklungsgang zu einer spezifischen Planungsmethodik und einem Planungsprogramm der Grundlagenforschung zu skizzieren.

7. Personenregister

FSC
www.fsc.org
MIX
Papier | Fördert gute Waldnutzung
FSC® C083411

Kolibri 360 GmbH
Ferdinand-Jühlke-Straße 7
99095 Erfurt, Deutschland
produktsicherheit@kolibri360.de